透析

安全生产监管困局

郭立杰◎著

图书在版编目（CIP）数据

透析：安全生产监管困局 / 郭立杰著. —北京：企业管理出版社，2023.2

ISBN 978-7-5164-2805-4

Ⅰ. ①透… Ⅱ. ①郭… Ⅲ. ①安全生产－监管制度－研究－中国 Ⅳ. ① X924

中国国家版本馆 CIP 数据核字 (2023) 第 003544 号

书　　名：透析：安全生产监管困局
书　　号：ISBN 978-7-5164-2805-4
作　　者：郭立杰
选题策划：周灵均
责任编辑：张　羿　周灵均
出版发行：企业管理出版社
经　　销：新华书店
地　　址：北京市海淀区紫竹院南路 17 号　　**邮　　编**：100048
网　　址：http://www.emph.cn　　**电子信箱**：26814134@qq.com
电　　话：编辑部（010）68456991　　**发 行 部**：（010）68701816
印　　刷：北京博海升彩色印刷有限公司
版　　次：2023 年 2 月第 1 版
印　　次：2023 年 2 月第 1 次印刷
开　　本：710mm × 1000mm　1/16
印　　张：13.5
字　　数：160 千字
定　　价：65.00 元

Preface 序

写在前面的三个问题

安全生产工作是个“易碎品”，被许多人认为是最没有成就感的工作，但事实上它是对我们所有工作最无情和最公正的检验。

安全生产最能代表也最能考验一个企业的整体管理水平。安全是给员工最好的福利，是给领导最大的奖牌，安全生产成无功、败有过，安全生产只有满分、没有及格……不同的角色站在不同的角度对安全生产会有不同的理解。原因与结果、偶然与必然、量变与质变、联系与发展，安全生产中处处充满辩证法，集中体现了认识论、方法论和实践论的和谐统一。安全与发展的矛盾、治标与治本的冲突、投入与成本的两难、传统与现实的对垒等，也都从不同侧面阐释了安全生产的系统性和联动性。如何更为全面、更为深刻地揭示安全生产这种极端复杂的综合效应和内在关系？如何在不断深化对安全生产规律性认识的基础上，更加理性地对当前安全生产工作进行一次相对客观的自我审视和全面分析？

一直以来我们都过度相信安全监管的力量，认为只要监管到位，企业就不会也不应该发生生产安全事故。近年来国家各层面对安全生产的重视程度和监管力度在逐年加大，安全生产已成为党和国家及全社会的共同行动以及评价各级领导干部是否顾全大局、担当尽责的重要标准，但在这种背景下还是相继发生了多起重大安全事故。有人提出疑问：我们现行的安全生产监管体制、机制到底出了什么问题，在一系列表面现象背后还有哪些深层次的矛盾？如何真正实现既有温度又有深度、既有质量又有内涵的安全生产监管？

必须承认，当前我国安全生产监管事实上已经面临一个尴尬的瓶颈期，或者说是处在一个艰难的岔路口：进，困难重重；退，无路可退。更为无奈的是，我们不得不在循环反复的碰撞中努力寻找出路。2011年，中央电视台《安全与法》栏目曾经做过一期特别节目《安全路在何方》，其中一位专家一针见血地指出，现在国内许多企业的安全管理大多依靠政府主导，形式上主要偏向于一些活动，而不是真正依靠企业内部机制来推动，这对于企业安全管理是一大阻碍。10多年过去了，如今围绕企业安全生产监管进行的探索和努力仍在继续，“安全路在何方”仍是当前大多数企业面临的重要课题。

问题1：为什么叫“困局”？

当前国内企业安全生产监管极为复杂，也极具挑战。这种挑战和复杂绝不仅仅体现在意识不强、素质不高、责任不到位等种种表象问题上，一些系统性的矛盾成为制约企业安全发展的内在因素，特别是我国经济快速发展与安全生产保障能力相对滞后的新矛盾日益凸显，一些局部性的难题和结构性的问题相互交织叠加，这些都不可能在短期内得到有效解决。

安全生产工作的部署落实通常涉及企业多个部门，但部门之间、领域之间以及各业务流程之间大多存在壁垒和盖层，需要跨专业、跨部门的风险管控事项容易出现脱节断档，导致很多制度难以真正地落实和执行，多年来安全生产领域长期存在的“梗阻淤堵”“高位截瘫”等现象变得更为突出。安全生产工作实际上处于一种既“必须管”又“很难管”的窘迫境地。

如今，越来越多的人认识到，安全生产的本质就是生产实践符合生产规律的运动。近年来，一些地方连续多次发生性质相同、原因相似的重特大安全事故，与这一地区经济增长周期存在一定的关联性。像一些大型标杆国有企业，因为连续发生重大生产安全事故而饱受诟病，也与这些企业超越安全保障能力和客观现实条件，盲目求大求强，“先上车、后买票”，片面追求生产规模和经济效益快速扩张有直接关系。天津、江苏等经济发达的省市，相继成为近年来重大事故的爆发地，有的甚至成为重灾区，这也再次说明一些地方和企业的发展还不稳定、不成熟，还没有真正实现高质量发展。

安全是发展的前提，发展是安全的保障。发展是硬道理，但发展并非不计代价，更不能被曲解为一切为发展让路。对于一个企业来说，效益是“饭”，而安全就是盛饭的“碗”。企业领导必须“两手都要硬”：不发展不能，不安全不行。一个企业如果生产安全事故不断，即使发展再快、效益再好，那企业的发展也是不全面、不协调，不可持续的。安全生产是一项全局性、基础性和综合性的工作，与企业规划设计、技术改造、操作规程、员工培训、基层基础，甚至干部作风、队伍建设都是密不可分的。安全发展，就是指把发展建立在安全保障能力不断增强、安全生产状况持续改善、劳动者生命安全和身体健康得到切实保证的基础上的发展，整体上企业各要素有序运行、各环节相互协调，展现出的是一种和谐稳定的状态。

提升企业安全生产管理水平，既没有统一模式，也没有固定框架；既需要理念观念引导，又需要管理机制做保障；既需要领导承诺，更需要全员参与整体执行；既需要临时发力，更需要久久为功；既需要事后追责，更需要过程管控……生产安全事故表面上看是偶发事件，但本质上是企业的系统运行失调和紊乱，是整体失效的必然结果。因此，企业领导要更加注重内在的发展质量，切实把握质的有效提升和量的合理增长，既要把生产经营指标提上去，又要把事故隐患降下来，使速度、质量、效益与安全实现良性循环。

事故是外部表现，企业在生产经营中没有实现全面协调、可持续发展才是内在原因。这种安全生产自身固有的系统性和联动性特征，使许多企业领导者在实践中感到困惑：要深入研究安全事故发生发展的内部决定性因素，深入总结和掌握安全生产工作的内在规律，全面提升企业安全生产业绩，到底应该首先从哪里着手？

问题 2：如何评价一个企业的安全生产状况？

有一种说法是，要看一个企业是否成功，首先要看领导是否为员工创造了一个安全的、舒适的工作环境，让每一个员工都能体面地工作、有尊严地生活，员工和企业一起成长，进而实现员工的自身价值。参照这一标准，在短时期内很难做到对一个企业的安全生产状况进行整体客观的评价，这也是许多到企业调研检查人员都会面临的问题。

也有人提出，判断一个企业安全生产状况最直接、最有效的办法就是与企业主要领导进行一次谈话。这种说法有一定的道理。安全生产管理是极为严肃的，其中既包含技术成分又有管理艺术，是一门综合性、科学性、实践性很强的工作。一个企业的安全生产管理工作水平，主要取决于企业主要领导人对安全生产工作认识的高低以及其安全意识的强弱。应该说，目前大多数企业的各级领导都已经意识到安全生产的价值：它不仅对企业形象具有颠覆性的影响，也与各级领导的职业生涯密切相关。一些企业明确提出安全生产是最大的政治、最高的责任、最佳的政绩、最好的和谐，是所有工作的基石，但我们也必须承认，对安全生产工作“口号喊得震天响，落实起来轻飘飘”的企业领导也不在少数。

事实上，仅凭与企业主要领导的一席对话很难得出企业安全生产状况的真实结论。尽管有的企业领导一直都在思考和探索提升企业安全业绩的有效办法和途径，但他们对安全生产工作特有的规律性、复杂性普遍缺乏系统研究，特别是在企业经营困难时难以对涉及安全生产的人、财、物投入提供持续保障，最后往往是“说起来重要，忙起来不要”。发生事故后马上启动“领导批示＋紧急会议＋严肃通报＋全面整顿”的固有模式，一时间上下动员、声势浩大，但专项整治之后又一切照旧。松一阵、紧一阵成为企业安全生产工作的常态，或者“大事化小，小事化了”“事故一出，抹平拉倒”，一些企业领导甚至以“出事是正常，不出事不正常”来为自己的失职开脱。

了解和掌握企业安全状况的一大难点就是安全风险不易验证，不像感冒发烧，测量一下体温就基本上可以确定。目前可以确定的一点就是，一个管理混乱、基础薄弱、效率低下、士气低迷的企业，绝不可能在安全管理上独善其身、一枝独秀。所以，可以首先做这样一个基本判断：安全生产工作抓得好的企业，一般企业整体面貌、经营效益也都差不了；而安全生产工作常出状况、存在问题的企业，其整体管理也肯定存在问题，即使当前效益不错也是不可持续的。这是一种更为深刻的综合判断。

综上所述，影响企业安全生产状况的因素有很多，脱离企业系统管理现状谈安全生产明显是不切实际的：安全表现反映企业的整体管理水平。具体到安全生产监管实际，笔者认为必须深刻认识和全面把握两个方面：全员参与和全过程控制。这是做好安全监管的前提和基础，而对于一个企业安全生产状况的评价，也要从这两个方面入手。全员参与的内涵就是各级责任清晰明确，而全过程控制的标准就是各类风险可控在控。具体来说，安全生产工作就是要对上重点抓责任落实，对下主要抓风险控制，这当中责任归位是核心，风险管控是基础。这也是本书最重要的两条主线，也是我们评价企业安全状况最基本的两个标准。整体上看，安全生产工作都是在围绕这两个方面做文章。

在实际工作中明晰责任和管控风险二者密不可分。许多企业现行的风险防控体系，实际上就是基于责任划分的一种动态化的风险管控制度，其核心就是要按照“逐级负责、专业负责、分工负责、岗位负责”的要求，明确不同层级的安全风险，把风险责任和管控措施落实到各层级、各专业、各工种、各岗位，把各类事故和风险隐患置于可控和在控状态，在全系统形成“有生产就有风险，有风险就有责任”的良好氛围。

当然，要保证二者真正落实到位，中间还要抓系统培训。责任体系不能制定完了就一放了之，必须强化培训；安全风险不能识别出来就放在那里，也必须与岗位培训相结合，并融入岗位培训当中。可以说，安全培训是一个承上启下、不可或缺的环节。以上这些因素都是评价一个企业安全生产综合状况的重要指标。

问题3：如何认识当前总体向好的趋势和依然严峻的现实？

2021年以来，国内较大事故发生率上升势头不减，连续19个月上升，9个省份较大事故发生率与2020年、2019年同期相比是“双上升”。2022年上半年，全国共发生各类生产安全事故11076起。多年来，我们对于国内安全生产形势习惯用三个词语来概括，即“总体稳定”“趋向好转”和“依然严峻”，一般表述为“总体稳定、趋向好转的发展态势与依然严峻的现状并存”。“总体稳定”就是事故总量没有大的波动；“趋向好转”就是重大事故起数明显下降，整体上呈现出好转态势；“依然严峻”是说重特大事故还没有杜绝，安全生产隐患依旧分布广泛。在这当中，好转是相对的，严峻是绝对的，并且这种螺旋式上升的态势还将在相当长的一段时间内持续存在，安全与事故间仍然只有“一张纸”的距离。

安全生产有一个明显的特征就是滞后性，这项工作不能立竿见影，不能靠一两年的突击、短期的努力就能一劳永逸。更为现实的情况是，努力与结果并不一定成正比，不是你当前付出了努力马上就会有好的结果，大多时候是你做了很多工作也未必能遏制事故发生，其效果可能在以后相当长一段时间甚至是几十年后才体现出来；在项目前期就埋下的安全隐患，很可能在今天或明天才转化为事故。也就是说，安全生产需要企业连续多任领导不换频道、不散靶心，始终不变节奏、不减力度，一以贯之才能久久为功。

事实上，安全生产工作是一项永不会竣工的工程，其持续改进的过程就是对历次事故、事件管理不断总结、提升和系统化的过程。得到许多企业高层领导认可的现代企业安全管理标志由以下几个方面构成：以人为本的管理理念、系统安全的管理思想、风险控制的管理方法和持续改进的管理模式。在具体实施过程中要特别注重关口前移、责任上移、重心下移，狠抓源头管理和过程控制，以此推动企业安全生产的长治久安。近年来，各级政府就加强安全生产工作出台了一系列政策措施，做出了一系列重要部署，许多要求已是三令五申；但安全生产的法规再完善、责任再严明、要求再严格，如果地方和企业不认真执行、不严格落实，照旧难以收到实效。当前，企业推动安全生产工作的主体主要还是安全监督部门，落实安全生产要求还是依靠发文、开会等传统形式，控制安全生产风险主要还是依靠各层级的安全大检查活动。这些固有模式效果如何很少有人去系统评估，希望改进提升却缺少创新思路和有效载体，因此安全生产监管整体上处于一种进退维谷的艰难境地。实际上，这种艰难境地正是对当前安全生产形势既趋于好转又依然严峻两个背向“箭头”的解读和诠释。

零哲学的认知基础就在于，除非存在诱发因素，否则事故不会发生。许多企业据此提出，安全生产工作是有一定规律可循的，事故是可以预防的，那种认为安全生产“好三年坏三年，不好不坏又三年”的循环论调是不科学的。换句话说，就是可以将零事故确定为企业目标，但对于大多企业而言，这仍然是当前阶段一个难以企及、难以实现的目标。

以上三个问题，没有标准答案，也是本书试图引发的思考。

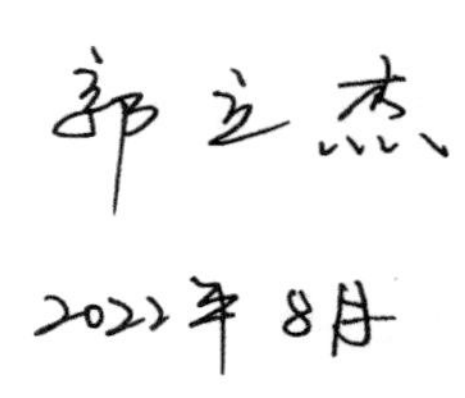

Contents 目录

困局一 业务部门可以实现对生产、成本、质量的管理，为什么不能实现对安全生产的同步控制，如何把安全生产职责镶嵌到各业务部门的工作流程中

——责任归位是多年来一个始终困扰安全生产工作的梦魇。

困局二 开会部署、发文强调和开展检查活动，是企业安全生产监管的“三板斧”。多年来我们已经习惯用文件、会议和检查代替安全管理。从某种程度上来说，正是这种造势式和运动式的安全监管所形成的表面上、阶段性的好转掩盖了传统管理手段的粗放和弱化

——不检查、不发文、不开会，安全监管还能做什么？

困局三 安全不是瞬间的结果，而是对系统在某一时期、某一阶段过程状态的描述。安全兴则企业强。安全生产是企业整体管理水平的集中反映，是各方面长期努力的结果，发生事故是企业管理弊病的集中暴露，但安全生产工作的推进和效果并不完全取决于安全监督部门的自身愿望与努力

——在系统性管理困局面前安全监督部门显得心有余而力不足。

困局四 安全管理，就是指在一个肯定有风险的环境里把风险降至最低的管理过程。从危机管理到隐患管理，再到风险管理，安全生产管理一步步关口前移。风险管理的特殊性就在于与其他企业管理内容有许多交叉

——以风险管控为核心的安全监管能否真正融入企业的日常操作规程?

困局五 事故是人们违背客观规律受到的惩罚，是对各项工作进行的最公正的检验，是强迫人们接受的最真实的科学实践，同时又是我们探索规律、认识规律的一种独特方式。每一起大的安全事故都被反复推演，并被当作案例教材“四不放过”，但同类事故仍然屡禁不止

——难道真有一种永远走不出的事故循环？

困局六 安全监管永远无法延伸到所有领域，无法覆盖全部作业现场。监管解决不了所有安全问题，只有从文化方面来寻找出路。安全文化是安全管理的折射，是安全生产制度的有效支撑，而这方面在实践中恰恰是最容易被忽视的

——安全文化的塑造和培育是一种更有深度的管理。

困局七　找到学习的榜样并不难，关键是学习的路径；找到学习的路径也不难，关键是学习的态度。管理方法和管理工具是没有国界、没有地域的，但再经典的管理模式也需要切合实际，就像吃饭不仅是为了填饱肚子，更是为了产生和转换为自身的能量一样

——如何在中国这片“土壤”上更好地移植外方的安全理念和监管模式？

困局一

业务部门可以实现对生产、成本、质量的管理，为什么不能实现对安全生产的同步控制，如何把安全生产职责镶嵌到各业务部门的工作流程中?

——责任归位是多年来一个始终困扰安全生产工作的梦魇。

当雪崩发生时，没有一片雪花觉得自己有责任。

可以说，当前安全生产工作中最突出的问题就是责任不明、责任不实、责任弱化虚化。在大量事故总结报告中，安全生产责任不到位往往是导致事故发生的第一个或第二个主要原因——几乎所有事故都能从这一原因里找到症结。许多安全生产法规制度“严格不起来，落实不下去”，关键就在于安全生产责任没有真正归位。

那么，到底谁应该担负安全生产工作的主体责任？怎样才能实现安全生产责任真正落地，从而在实践中逐渐减少进而杜绝那种“共同负责”却都不负责、“谁抓都不越位”却谁都不抓的现象？对一件事负责的人越少，责任越明确，效果就越好；相反，如果大家都对一件事负责，那就等于谁也不用负责，谁也不会负责，谁也负不了责。一旦发生生产安全事故，相关链条上的人员可能会认为自己有责任，但同时大多数人会认为自己担负的是领导责任或是监管责任，而不是主体责任。

备受指责的安全监督部门更是满腹委屈。有限的权力却面临无限的追责，安全监管到底该怎么定位？监管是否到位又有哪些具体标准来量化？如何构建真正体现“管行业必须管安全，管业务必须管安全，管生产经营必须管安全”（“三管三必须”）原则的安全直线责任体系？

安全生产监管已经进入精细化阶段，安全生产责任体现在企业的每一步管理流程、员工的每一个操作步骤当中。锁定责任才能锁定结果，任何借口都是推卸责任，要让责任成为一种工作态度。

美国前总统杜鲁门的座右铭：责任到此，不能再推！责任止于我。

安全生产的责任落实本来不应该成为一个问题。所有相关制度都极为清晰明确，“谁主管、谁负责”“谁审批、谁负责”“管生产、管安全”，国内企业普遍实行的“一岗双责”制度，就是要求企业各级领导、各相关部门在完成本身负责的业务工作之外，同时要承担起业务职责范围内的安全生产管理工作，从上到下全面覆盖，切实履行好安全生产责任。新版《中华人民共和国安全生产法》（以下简称新《安全生产法》）对于安全生产责任的划分更加真切：管行业必须管安全，管业务必须管安全，管生产经营必须管安全！

近年来政府层面连续出台了一系列关于安全生产的重要文件，其中包括《关于推进安全生产领域改革发展的意见》《地方党政领导干部安全生产责任制规定》《关于全面加强企业全员安全生产责任制工作的通知》等，在落实安全生产主体责任、健全落实安全生产责任制、完善责任考核机制、严肃责任追究等方面都提出了一系列明确要求，始终将落实安全生产责任制作为搞好安全生产工作的重要抓手。

可以说，责任不落实是当前安全生产领域植入最深、影响最广且一直根深蒂固的问题。说到安全生产监管永远无法回避责任落实问题，抓安全生产工作归根结底就是抓责任落实问题，按照“三管三必须”原则努力让责任落实归位是当前阶段安全生产监管的精髓。

安全生产责任制，既是一种运行机制也是一项保障措施，是各级政府及其有关部门、各生产经营单位及其内部岗位在工作过程中对安全生产层层负责的制度，它是整个安全生产工作的基本制度，也是安全生产制度的核心与灵魂。在实际运行中，安全生产责任制将安全生产指标纳入经营业绩考核范围，将安全生产目标科学分解到企业的各个职能部门、各级管理人员，风险分摊、责任共担，同时赋予其相应的权利和义务，目标是形成一级抓一级、一级对一级负责，分层次管理、层层抓落实的安全生产工作格局。这样在建立一套全员、全过程的安全生产责任体系的同时，完善安全生产管理的约束机制。

以上要求一目了然，既有分工又有合作，基本实现了压力层层传递，使每个部门、每个岗位都能各司其职、各负其责，但这种安全生产事事有人管、人人有专责的布局在生产实践过程中为什么会屡屡落空？“制度空转”“压力空传”“责任空置”的现象为何渐成常态？

现象一：都管都不管

整体上看，安全生产管理涉及部门众多，条块机构重叠，很容易导致职能交叉、职责不明，加上内部缺乏良好的工作机制，分级监管、分级负责、分层落实的机制难以形成，这些都严重制约了安全监管工作的顺利开展。实际运行过程中，责任制落实断断续续、时隐时现，最终在安全监管上不可避免地出现“真空地带”以及“都该管而又都不管”的尴尬局面。没有事故时，企业内部各职能部门相互争夺管理资源和管理权限，发生事故后却互相推卸管理责任。特别是在面临重大隐患问题或责任追究时，各部门常常互相推诿、扯皮甚至互相拆台。有的事故发生之后，都笼统地归结为领导负责，但最终你会发现：领导负责就等于没有人负责，没有落实到具体人头的负责就是没有人负责。“安全生产人人喊，出了事故都不管”，尤其是在企业基层，安全生产责任如果不能落到“操作岗位”这个层面，责任制就只能是空中楼阁。

现象二：“高位截瘫”

可以肯定地说，当前思想上不重视安全生产、会议上不强调安全生产的领导干部几乎没有，但理想状态下层层压实责任、层层传导压力的态势并没有真正实现。现实情况是，安全生产的压力大多集中在企业的上层、高层，往往是高高举起、轻轻落下，只听楼梯响、不见人下来，严格不起来、落实不下去，安全责任监管层层脱位，“沙滩流水不到头”。基层现场员工是各类生产安全事故的直接受害者，本应更加重视自我保护，但违规作业、违章指挥和违反劳动纪律的“三违”现象屡禁不止。安全生产责任在企业内部随着组织架构层层衰减，末稍堵塞现象严重，上热下冷、上紧下松，“温差”与“落差”等问题时常交替出现，在不同层级、不同环节出现安全生产责任“变形走样”现象，特别是高层与基层在安全生产压力传导方面明显存在“肠梗阻”，“最后一公里”问题愈发凸显出来。

现象三：开会、讲话就是履职

表面上看，企业领导对安全生产工作率先垂范，大会小会都强调，但事实上，有的领导只是出于对责任追究的担心和预防，是害怕企业出现生产安全事故会追究自己的领导责任，而并非真正将安全生产作为企业的核心价值，并非出于对安全发展重要性的深刻认识，即使提出了定性要求也没有明确定量标准，更没有具体考核落实方案。尤其是在生产任务繁重、上级压力加大、倒排工期紧迫的特殊时期，很容易在思想上颠倒安全与速度、效益的关系，从而忽视安全条件，放松风险控制。很多领导把开会了、讲话了、布置了当作尽责了、履职了，这种表现背后掩盖的是安全生产责任虚化、弱化的本质，甚至有部分领导把资金投入作为体现自身安全履职尽责的重要依据，认为花钱了就是重视了，对于如何抓好安全不会、不学、不知道。

以上各种表现说明仍有部分企业领导对安全生产“三管三必须”的原则理解不深不透，认为责任不落实也不一定会发生事故，发生了事故也不一定能查出是我的责任，查出是我的责任也不一定会给我什么处理……这种认识和以上种种现象同时反映出两个深层次的问题：一是还有部分领导在安全生产责任方面故意装糊涂，逃避履职；二是官僚主义、形式主义的影响在安全生产领域仍旧积重难返。

2014年《中国纪检监察报》刊登了一篇《从癸酉之变看作风建设与历史周期律》的文章。癸酉之变过去200多年了，当年射出的一支箭镞，直到今天还深深地嵌插在故宫隆宗门的牌匾上，向人们静静讲述着那个惊心动魄的故事。洪秀全起义之初，地方官使劲捂盖子，直到太平军攻克了十几座城池，朝廷才知道出了大麻烦。魏源这样概括当时的官场风气：“不担责任是成熟稳重，会踢皮球是聪明智慧，得过且过是办事得体！”各级官员领导早就知道要出事，却都像请客一样，把问题“迎”进了紫禁城——这是200多年前的癸酉之变留给我们最深刻的警示。

文章主要是针对当时各级官员的官僚作风进行了深入阐述，但其中让人印象最为深刻的是官员逐级推卸的责任。

一、责任落实难：安全监督部门管了不该管的事

什么是“责任”？“责任”就是分内应做的事，无论你是否愿意、是否接受。从根本上讲，抓责任就是做好授权与问责，就是解决好“谁来抓，抓什么，怎么抓，抓不好怎么办”的问题。安全生产工作难抓难管，就是因为安全监督部门摆位不正，把管不了也管不好的事揽在了自己手里，尽管这当中可能存在被动和无奈的成分。

实质意义上的“管理”，必须以对企业的某些重要资源（包括人、财、物等方面）的掌握和对过程的控制为前提。换句话说，有效监管必须建立在监管者人事、财务独立的基础之上，否则所谓的“管理”将毫无意义。责任到人，首先要解决权力到人的问题。安全生产监管工作中责权一致非常重要。有责无权，想安全做不到安全，主动负责意识就会受到抑制；有权无责，必然会导致滥用权力，瞎指挥。安全生产责任制的落实必须让管理者在承担责任的同时具有相应的权力，即责、权、利相互配套。反观当前各企业的安全生产监督部门，权小事多、缺人少钱，常常感到自己属于被边缘化的部门，始终处于配角地位，难以有所作为或难以有大的作为，一旦出现事故还会面临追责风险。

在实际工作中追责问责的风险始终如影随形，导致安全监督部门人心不稳，思想压力大，心理负担也很重。有时候许多企业安全监督人员自己也把监督和管理混为一谈，冲到一线大包大揽，甚至越俎代庖，代替业务主管履行主体职责，最后陷入“监督变牵头、牵头变主抓、主抓变负责”的怪圈。因此，面对现状，首先要解决的就是安全监督部门“管不好、管不了又要管”的问题。

有这样一句话：安全不是监督出来的。其背后意思是安全生产的监督责任不能代替，也代替不了安全主体责任，靠监督不能解决安全生产的根本问题。企业安全监督人员或部门不应该也不可能成为管理的主体，即便他们被赋予部分资源和过程的控制权。企业各级专业部门、业务人员才是管理的主体，并直接对安全生产承担主要职责，安全监督部门只能行使支持和监督的职能。

我国企业中的安全专职人员多被称为“安全生产管理人员”，实际上其更准确的称谓应该是“安全专业人员”。“管理”两个字很容易被人解读为“负责”，所以改用“专业人员”更为贴切，其在企业安全管理中应该承担的是促进、建议和监督职能。在实际运行过程中，安全监督部门总是被推到主角位置，被动地承担自己本来承担不了的主体职责：几乎所有与安全生产相关的文件都直接流转到了安全监督部门，由其来跟进落实；对于安全检查中发现的问题，也基本上都是由安全监督部门来督办整改。在现有职权范围内，安全监督部门往往心有余而力不足，其中的难处和困局只有自己清楚。实际上，所有在安全检查中发现的问题都应该按照部门职责梳理细分到各属地单位，由职能部门负责督促二级单位加快整改和验证关闭，这样才能推动各职能部门更加有效地履行安全生产职责。

新《安全生产法》已于2021年9月1日生效，它标志着“全员安全生产责任制”时代已经来临，安全生产不再只是安全管理部门的事。新《安全生产法》将第五条修改为“生产经营单位的主要负责人是本单位安全生产第一责任人，对本单位的安全生产工作全面负责。其他负责人对职责范围内的安全生产工作负责”。第二十二条中的“安全生产责任制”修改为“全员安全生产责任制”。新《安全生产法》对于安全生产责任的划分更加明确，增加了“三管三必须”原则，即管行业必须管安全，管业务必须管安全，管生产经营必须管安全。

如何理解“三管三必须”？应急管理部副部长宋元明在新《安全生产法》发布会上有一段表述：我们讲管业务必须管安全，管生产经营必须管安全，在企业里除了主要负责人是第一责任人以外，其他的副职都要根据分管的业务对安全生产工作负一定的责任。举一个例子，一个企业总部，董事长和总经理是主要负责人，那么他就是企业安全生产第一责任人，但是还有很多副职，比如分管人力资源的副总经理，对分管领域的安全要负责任。下属企业里面，安全管理团队配备不到位，缺人，由此导致的事故这个副职是要负责任的。比如，分管财务的副总经理，如果下属企业安全投入不到位，分管财务的副总经理是要承担责任的。这就是我们说的管业务必须管安全，管生产经营必须管安全。说到生产，管生产的副总经理不能只抓生产，不顾安全，抓生产的同时必须兼顾安全，抓好安全，否则出了事故以后，管生产的是要负责任的，这就是“三管三必须”的核心要义。

很长时间以来，安全生产管理都是提倡和强调“管生产经营必须管安全”，现在这个内容被法律固化为“三管三必须”，或者说得更透彻、更通俗一点，就是“管工作必须管安全”。与“管生产经营必须管安全”相比，别看只有几个字之差，其意义却大不一样：“工作”的内涵和外延更为广泛，可以涵盖所有人在社会中所扮演的角色及其定位，基本上覆盖全业务、全领域、全流程，可以实现全员、全过程、全天候、全方位的安全管理，并进一步明确全体人员对安全生产应负的责任以及必须履行的义务。

安全生产监督人员的职责是什么？按照一些国际大公司的通行做法，安全生产监督部门的职责主要包括三项内容：安全咨询、安全培训和监督考核，其真正的职责是充当管理层的顾问，为操作层提供安全咨询服务，为直线组织协调各项安全事务，解释标准和安全规章制度，等等。当前阶段，大多数企业的安全生产监督部门在责任落实、制度完善、风险管控、跟踪落实以及考核检查、事故调查等方面还被迫扮演着主要角色。这当中包括许多审批事项，如审批压力容器的安装，改造登记并参加验收，批准和发放动火许可证，等等。

动火许可证：到底该由谁进行审批？

我们来看某集团公司对动火作业许可的规定。

二级动火作业审批流程：由作业人员提出申请，车间安全员、当班班长或工段长、车间负责人审批后方可作业。

一级动火作业审批流程：由所在地点工段提出申请，车间安全员、车间负责人审核后报安全生产部审核，经现场确认后方可作业。

特级动火作业审批流程：由所在地点工段提出申请，安全生产部报公司分管领导审核并制定安全措施后方可作业。

受限空间审批作业流程：由作业单位提出申请，统一报安全生产部，审批后方可作业。

可以看出，无论哪级审批，不掌握资源和决策权的安全生产监督部门都在其中扮演着重要角色，并在许多方面与业务部门共同成为整个风险控制流程中不可或缺的一个责任主体。当然，安全监督部门在动火作业许可上签字并非没有道理，这也是其履行监督职责的重要体现，但前提和基础必须是要掌握工艺流程，了解现场风险，并派人在现场进行看护监督，使审批程序真正成为实际作业过程中风险管控的一种有效手段，坚决杜绝那种批而不问、批而不管、批后不尽责的现象，坚决摒弃那种只是把作业许可当作一道严谨程序和华丽装饰的思想意识。

安全生产工作没有旁观者，都是责任者；没有空谈者，都是实践者。事实上，企业各级直线组织控制部门，也就是各级业务职能部门，它们直接决定生产经营的优先次序，确定目标并控制日程安排，它们最应该对各自负责领域的安全生产负责。在生产经营各个环节都应体现和明确安全责任，比如在安排生产经营任务的同时明确安全生产责任，在下达经济指标的同时提出安全生产指标要求，在提拔任用干部时既要考核政绩又要考核安全生产业绩，安全生产工作搞不好的一律不用，等等，以此推动各直线部门在安全生产的人、财、物方面给予重点考虑和保障，并常态化地对安全生产工作特有的规律性、复杂性定期进行系统研究分析，逐步完善并加强安全管理的制度措施。

在实际工作中，许多企业的业务管理部门对自身肩负的安全生产责任还不能完全理解或者理解过于片面，有的甚至以“我是负责专业管理的，不懂安全”来为自己辩解，还有的把直线责任仅仅理解为加强监督，只是把与安全监督部门一起检查、一起开会、一起要求当作完成安全履责，而没有真正静下心来认真研究和深入分析各自分管环节和领域的安全风险底数，并采取措施切实减少和消灭安全生产隐患；同时，大多数企业还没有明确各级管理人员落实安全生产责任的具体职责，导致负责工艺、技术和生产等方面的专业管理人员“不知道该干什么才是对安全负责”，不知道在安全管理中自己每时、每天、每周、每月、每季、每年都应干些什么，不了解什么时候干，怎么干，干到什么程度，普遍缺乏安全生产管理的有效方法、手段和技巧。其结果往往是投入大量时间和精力但效果不佳，更有甚者明知道自己有责任还故意装糊涂，互相推诿、扯皮。

在许多国际大公司，安全生产监督部门一般会被安排直接向公司或工厂的最高领导报告企业风险状况并提出意见建议，但从目前来看，国内企业大部分的安全生产监督人员学历和技术职称偏低，普遍缺乏安全生产相关的专业知识，很难在实践中担当起指导培训各级管理层的重任。因此，必须培养更多专家型的专业安全生产监督人员。在这方面，许多企业明确提出将有一定潜力的优秀管理人员首先派到安全生产监督部门挂职培训的建议。

珠海市明确规定：全市新提任副处级领导干部和各区新提任副科级领导干部必须到安全生产监督部门担任安全生产督查专员。从2014年开始，长春市朝阳区委每年选派3名区级后备干部到安全生产监督管理局挂职锻炼一年，挂职期间一切工作与原单位脱钩。2008年，辽阳石化公司就要求凡新提拔和任用的科级干部必须到本单位安全生产科进行7个工作日的安全生产挂职锻炼和见习培训，经考核合格后方可上任。对经评议未达到上岗要求的新提拔和任用的科级干部须经过一次培训，对两次见习培训考核没有合格的新提拔科级干部，建议重新考核。

真正落实安全生产直线责任，并不是靠一两项简单的制度就能推动的，需要配以多方面的有效手段和约束机制；同时，要认真审视企业干部任用及绩效考核制度，真正将安全生产工作业绩作为干部选拔任用、职务晋升的基本条件，进一步加大领导干部选拔任用及绩效考核中安全生产业绩的权重。通过多种方式推动企业内部各业务部门主动履职担责，既要管到底又要管到位，真正成为安全生产的责任主体，坚决摒弃那种把自己当作旁观者、局外人，认为安全生产与自己关系不大的认识。以往总是被推到“C 位”（核心位置）的安全生产监督部门，在工作重心上也要实现从“运动员”到“教练员”的回归，把更多精力放到安全咨询、安全培训和监督考核这三项主要业务上来，放到风险预控、应急保障、事故管理等相关体系的建立上来，实现从片面的检查监督向综合指导培训的深度转变，最终实现部门职能定位和工作重心的全面转移。

二、责任落实难：层层衰减下的“肠梗阻”

对于安全生产而言，要么从领导开始，要么就无法开始！安全生产责任落实难，首先难在企业各级领导责任落实难。一项统计数据显示：安全生产责任制落实难管理层面占 50%，车间占 30%，班组或个人占 10%，其他因素导致落实难的占 10%。从以上数据可以看出，安全生产责任落实难的症结主要在企业管理层。

作为一项责任工程，安全生产工作表面上看没有显性的经济效益，在企业中往往被看作一项辅助性工作，许多工作成效看不见、摸不着，抓好了不出事是应该的，可一旦出事前期所有成绩全部“归零”。因此，不少领导在内心深处把安全生产当作一种“被迫的任务”，表面上重视，在思想上却难以真正认同，工作措施更是难以真正落到实处；也有部分领导认为，安全生产工作变幻无常，无规律可循，无方法可抓，过程不重要，结果靠运气，挂一漏万的可能性太大。正是这种错误认识，导致一些企业高层在思想上存在“做与不做、抓与不抓、管与不管差不多”的认识，并将这种思想认识渗透到安全生产工作的诸多领域，给企业提升安全业绩带来一定的消极影响。

更有一些企业领导将安全生产工作视为“烫手的山芋”，能推则推、能躲则躲，不愿沾边；甚至有的领导提出，只要不分管安全生产工作，无论分管什么工作都可以。分管安全生产的领导也是经常换，且每次换的都是新面孔，安全生产工作经常处于脱节状态，始终处于熟悉——换人——再熟悉的被动状态。业内有一个广为流传的故事：企业领导班子开会决定职责分工，一位领导中途去卫生间了，结果回来就被宣布分管安全生产工作。这样的例子在现实中比比皆是，因为在当前许多企业中，分管安全生产工作的大多是资历浅的新晋领导。

2018 年 4 月，中共中央办公厅、国务院办公厅印发《地方党政领导干部安全生产责任制规定》，其中第二章第八条明确规定：县级以上地方各级政府原则上由担任本级党委常委的政府领导干部分管安全生产工作。目前各级政府分管安全生产的领导干部，大多为党委常委、行政常务副职。在政府机构，这种分工和配置已经相对固化。对比企业组织，政府对安全生产的领导分工明显属于“高配”，当前国内还没有一个企业对分管安全生产的领导做出类似政府的相关硬性规定。

许多大公司选择合作伙伴时考虑的一个重要因素就是看它的领导层，因为领导的言行直接反映出他的价值观，而领导的价值观往往在一定程度上代表了企业的价值观。作为安全生产责任传导的重要环节，各级领导特别是主要领导的态度和作用无可替代。安全是个老大难，“老大”管了就不难。主要领导是第一责任人，对安全生产工作既要挂帅又要出征。尤其是当前企业推动安全生产工作运行及开展的体制机制还没有完全形成，安全生产工作的推动基本上还是靠“人治”，很大程度上还受企业主要领导人的职务变动、个人偏好及关注重点变化的影响。意识决定行为，一个企业如果不能解决好主要领导对安全生产工作的态度和认识问题，那么做好安全生产工作就是一句空话。

领导对安全生产工作的重视不能局限于大会、小会的传达、号召、强调和重申，也不能简单地局限于工作计划、费用安排的督办落实，关键是要看各级领导在安全生产工作上能不能做到身体力行、率先垂范。因此，企业领导必须亲自抓、抓具体，把抓安全与抓发展放到同等重要的位置，坚持每月、每季对安全生产形势进行一次深度分析，全面了解和掌握本企业可能面临的安全生产风险，实实在在地解决安全生产工作中遇到的突出问题。

有的企业领导将安全生产工作定位简单化，将安全生产工作作为从属性和附庸性的常规性工作来对待，一般在部署生产任务时捎带提出要求。平时工作中，在安全生产的人、财、物等投入上没有给予相应的保障，对安全生产工作没有进行通盘、系统和长期的考虑，对安全生产工作的体制、机制建设没有进行科学、全面的统筹设计，等等，最终导致企业的安全生产工作方向不明、思路不清、重点不准、措施不力，往往是想到什么就抓什么，想到哪里就干到哪里，干到哪里就算哪里，缺乏计划性、系统性和连续性，具有较大的随意性和功利性。

应该说，当前很少有不在乎、不重视安全生产工作的企业领导，但这些企业领导很难做到每天都重视，每个时段都能履职。许多企业领导口头上重视，表面上工作开展得轰轰烈烈，实际上却鲜有作为，说一套做一套，只提要求不抓落实，以身作则变成“以声作则”；有的领导习惯当“传话筒和中转站”，消极被动应付，推一推就动一动，不推就不动，缺乏内在动力。很多工作是需要领导“带头”“组织”的，但许多领导往往只是“参与”，比如领导干部的安全承包联系点制度，计划做得都很详细，具体安排都很到位，但真正去开展活动的很少，工作往往流于形式。领导的这种言行使得企业在不知不觉间形成了虚假的安全生产氛围。

安全生产责任越往上走越虚化，越往上走越模糊，核心问题还是领导责任的虚化。部分企业的主要领导对安全生产责任的理解，还停留在与下属企业签订的“安全生产责任书”层面，对安全生产还没有做出真正意义上的个人承诺，把个人责任仅仅理解为加强监督，而不是在日常工作中积极践行并以身作则，全力带动和引导员工参与安全生产实践。

现在有个概念叫作“安全领导力”，就是指领导对各级员工展现安全行为的影响力，把安全放到与生产经营同等位置的重视力，为安全生产工作提供人、财、物等资源保障的支持力，落实个人安全行动计划、带头分享安全生产经验的参与力，以身作则、带头遵守安全规定的示范力。简单来说，就是各级领导要带头参加安全生产检查，带头分享安全生产经验，带头落实个人安全行动计划，主动到现场去发现隐患、解决问题，在安全生产方面积极践行、全力带动，并随时提供人、财、物等资源保障。

特别是在各种安全生产日常细节方面，企业领导更要率先垂范，到位尽责，要把“站在台上提要求”变为“手把手地教方法”，以实际行动做出表率。比如，上车后要自觉把安全带系好，同时要求身边的同事也要系好；到基层进行调研检查，要主动并正确穿戴和使用劳保用品，遵守现场的所有安全生产规定。要让员工真正看到、听到和感受到领导在关心安全生产，在高标准践行安全生产，以此来增强员工做好安全生产工作的自觉性——“喊破嗓子不如做出样子”就是这个道理。

尽管各级领导对安全生产工作足够重视，但还是会出现“上面九级台风，下面纹丝不动”“上面雷声大，下面雨点小”的现象。更为普遍的现象是，领导干部习惯“手电筒照人不照己”，只规定下级应怎么做，应负什么责任，却没有规定上级机关和领导应担负的责任；还有的领导干部层层加码、严之无度，特别是对各类检查中发现的问题，一些领导干部第一反应是责备现场员工没有做好本职工作，而不是主动从自身查找原因，导致基层员工在思想上对安全生产产生抵触和抗拒情绪。诸如此类，最终导致传导“梗阻”、压力衰减，竿插不到底、水流不到头，使传导走了过场、下压流于形式，难以形成上下贯通的合力。

安全生产工作不能打一点折扣，90 分都不能算合格。有一个著名的 90 分法：90% × 90% × 90% × 90% × 90%= ? 其中主要负责人安排工作，然后是分管负责人、车间主任、班组长、一线人员，如果各层级都按 90 分来完成，就会导致安全生产执行力层层衰减，最终的结果就是不及格（59.049%）。

领导从重视到参与，员工从参与到负责。在生产安全事故中，现场员工往往是最大的受害者，他们天然应该是抓好安全生产工作的主力军。做好安全生产工作应该是员工本能的需要，而不是被强迫接受的一项硬性指标。为什么安全生产的压力不能在企业基层有效下传？“上面吼破嗓子，下面摆摆样子”，基层员工为什么会轻易放弃企业精心设置的层层安全屏障？我们来看这样一个实验。

一个企业通过告知和不告知的方式，对车间维修作业进行现场拍摄，拍摄持续了41天，累计120多个小时。

第一步：记录现状。首先进行“原始”跟踪录像，查找工作中存在的各种不安全行为，即在不改变现有的任何要求、环境和条件下，全过程录制员工“原始”的日常操作。

第二步：集中观察。利用晨会、班组安全活动等时间，组织管理人员、操作人员和安全专业人员对录像进行循环分析，分组反复观看“原始”录像，对照程序，查找问题，大家共同发现265次不安全行为。

第三步：归纳总结。通过统计分析，发现在所有不安全行为中，共性的不安全行为有98种，人的习惯性不安全行为占70%左右。

第四步：修正完善。针对共性的不安全行为，组织管理人员、操作人员和安全专业人员制定改进措施，并通过工作循环分析的方法循环验证改进措施的有效性。

第五步：深入分析。组织车间全体员工集体分析存在不安全行为的原因，其中，有95%的员工认为是工作中图快、图省事以及自我安全保护意识不强，有90%的员工认为是自己感觉不到、意识不到，有60%的员工认为是自己存在侥幸心理。

以上实验说明，图快捷、图省事，投机取巧、心存侥幸的心理在企业基层员工中仍普遍存在。

基层岗位员工责任缺失的背后，是多数员工习惯在安全制度执行方面打折扣、搞变通、做选择。基层安全工作大多是一些琐碎的、繁杂的、细小的、重复性的事务。正是因为它“小”，才容易被忽视；因为它“细”，才更容易出纰漏。大量事故案例分析显示，90%以上的事故发生在基层班组，80%以上的事故是由违章指挥、违章作业和设备隐患没能及时消除等人为因素造成的。因此，必须从基层入手，重心下移抓基层，关口前移抓预防。

特别要探索将安全生产管理融入企业各业务流程当中。按照业务主导、直线责任的要求，重新审视企业的部门分工和岗位设置，对企业运行方式、经营理念、内部组织进行细致分析，探索适合当前安全生产形势需要、与直线责任规定相匹配的相应程序和制度，促进各级职能部门由安全管理的参与者向责任者转变。在企业基层和作业现场，要按照岗位职责和作业区域划分，明确基层属地管理职责，加强对属地区域作业活动、设备设施以及相关人员的安全管理，推动每个基层员工从岗位操作者向属地管理者转变。

或许这种管理流程上的重塑，才是从根本上消除安全生产责任“肠梗阻”现象的最重要举措。

三、责任落实难：层层签订的责任书难以传递责任

为有效解决安全生产责任层层衰减的问题，许多企业开始大力推行“安全生产责任书”制度，目标是希望通过合同的方式对安全目标进行层层分解，实现压力层层传递，以增强各个层级做好安全生产工作的责任感和自觉性，初步形成分层次管理、层层抓落实的安全生产工作格局。按照理想运行模式，通过这样一纸责任书把安全生产从组织体系上统一起来，使安全生产责任落实到各部门、各专业、各单位的每一名员工身上，一级带一级、一级抓一级，人人有专责、事事有人管，真正做到纵向到底、横向到边、专管成线、群管成网，打造层层衔接、环环相扣的“责任链条”，进一步提高安全生产管理的科学性

和管理效率，彻底改变过去那种“安全生产人人喊，出了事故都不管”的混乱局面。

这种做法本质上是一种层级授权和压力分解的模式。目前在许多企业中，“安全生产责任书”在一定程度上已经代替了安全生产责任制。那么，这样一套涉及全员、全过程的安全生产责任体系和安全生产管理的约束机制，在实践中究竟效果如何呢？

一些企业领导认为，签订“安全生产责任书”就是为了应付上级的安全检查，把说过了当做过了，把做过了当做好了，责任书签完后就将其束之高阁，中间没有人监督，更没有人对照检查落实，只有在面临安全检查时才翻箱倒柜地到处查找，只有在发生事故后才想到责任书。一些企业领导者只是按照惯例每年走完相应的过场，根本说不出所签“安全生产责任书”的具体内容，而落实更是无从谈起。

更为普遍的是，许多企业年初并没有根据上级主管部门下发的控制指标以责任书的形式进行层层分解和细化，导致“安全生产责任书”内容原则性太强，只注重宏观层面，以“空”对“空”、以“虚”对“虚”，从上到下内容千篇一律，上下一般粗，一个活动来回搞、一个模式上下套，各项指标形同虚设，没有定量指标和明确的工作要求，没有具体措施和有效办法，原本承担着传递压力职能的责任书成了“装饰品”，根本没有发挥其应有的作用，成为“关猫的牛栏”。

下面来看一份企业员工的“安全生产责任书”，其内容如下。

（一）严格执行公司各种安全规章制度，并结合工厂实际，建立、健全本部门具有可操作性的各种安全管理制度；全面落实部门安全管理职责；组织好日常安全生产，管理好辖区内的各种物资；做好安全综合检查，彻底整改隐患事故。

（二）认真落实公司年度安全工作计划书，结合部门的安全生产特点，制订并落实部门年度安全工作计划，计划中有明确的安全工作目标和重点，同时落实公司日常的安全生产管理要求。

（三）建立、健全部门安全生产管理责任制度，实行“一岗双责制”。公司、车间、班组、员工逐级签订“安全目标管理责任书”，采取有效措施，切实加强日常综合安全检查、隐患整改，把事故隐患消灭在萌芽状态。

（四）加强重大危险源及重点区域的安全管理。车间周查、部门月检时，须对重大危险源和重点区域进行安全隐患排查，做到及时发现隐患和彻底整改，对其实行登记、建档，并上报公司安全监督主管部门。

…………

看似有责任、实则无内容，重形式、轻内容、走过场，责任虚化、责任制悬空的问题，在许多企业尤其是基层单位仍然普遍存在，一些管理者甚至通过各种方式把责任书转化为推脱自己责任的手段——落实全员安全生产责任的愿望往往会在层层落实中层层落空，在层层负责中变为层层推责。

责任书的签订，只标志着安全监管责任的启动，绝不代表安全监管责任已经落实到位。当前与安全生产责任制相关配套的制度还不健全，还缺乏对履行职责的程序、质量、时限等方面的具体要求，特别是一些安全生产责任体系在设计时注重惩罚、缺少激励，表现为指标多、措施少，这就导致各级领导压力大、动力小，这一系列问题都需要在下一步实践中逐步完善解决。企业当前的一项重要任务，就是探索提高安全生产责任制度和责任体系的可操作性和可考核性，真正实现形式和内容的统一、要求与落实的统一。

首先是探索实行安全生产责任一岗一书的做法，也就是当前流行的安全生产责任清单。要解决安全生产责任制上下重叠的问题，不仅要把安全生产控制考核指标层层分解，更要把安全生产工作具体措施层层分解，分别落实到单位、班组、个人，让每个应负责任的企业领导和员工都清楚自己在安全管理和操作中每月、每季、每年都应干些什么；同时在安全生产责任体系设计与执行中，应逐级加强而不能逐级放松。比如，国家层面以杜绝重特大事故为目标，企业层面就要以杜绝较大事故为目标，企业二级单位就要以杜绝一般亡人事故为目标，而不能上下一般粗。下面来看一份企业财务管理人员的安全生产责任清单，如表 1–1 所示。

各级领导的安全生产责任更多体现在安全生产的组织与落实上，越往下措施越具体，内容越明确。为了体现持续提升的追求，每年逐级签订的“安全生产责任书”在内容上要能够反映上一年度亟须解决的针对性问题和指标，而不是年年照搬照抄。在实践中，可以考虑结合领导个人安全行动计划，针对不同岗位签订不同的“安全生产责任书”，通过完善责任书编制流程，实现“安全生产责任书”的个性化，真正做到一岗一书，使责任书成为领导履行职责的年度行动指南和考核依据。这样，责任书就不仅具有明确责任和传递压力的功能，也成为全体员工岗位年度安全工作计划指导书，也是今后进行安全检查和追责问责的主要依据。

表 1–1 企业财务管理人员安全生产责任清单

职责类别	岗位安全生产职责	工作任务	工作标准
通用安全生产职责	负责贯彻落实安全生产法律法规以及公司有关安全生产工作要求	组织学习宣传贯彻相关法律法规、规章制度以及安全生产相关要求	及时组织学习安全生产法律法规以及公司有关安全生产的要求
		组织开展分管业务安全生产合规性评价	督导分管业务定期组织开展业务领域符合性自评
	负责建立健全并落实分管业务全员安全生产责任制	督导分管业务制定全员安全生产责任制	督导分管业务编制安全生产责任制，并满足部门业务职能实际需要
		督导分管业务组织制定安全生产责任清单	审查分管业务安全生产责任清单
	督导分管业务人员定期进行安全生产学习教育，确保公共交通安全	督导分管业务人员遵守公共交通秩序	督导分管业务人员明确防范措施，化解风险
业务风险管控职责	负责安全生产费计提、使用相关政策的制定	督导制定公司安全生产费计提、使用等政策	定期督导制定，并审定、上报
	负责分管业务相关重大项目和“四新”项目安全风险评价与风险管控	督导开展分管业务相关重大项目安全风险评价，并督查风险管控措施落实	及时督导开展分管业务相关安全风险评价，督查风险管控措施落实情况
业务风险管控职责	督导分管业务人员将安全生产纳入工作计划	督导分管业务人员编制工作计划时充分考虑并体现安全生产法规的要求	督导分管业务人员及时组织编制工作计划，充分体现安全生产法规要求，并定期检查执行效果
	督导分管业务人员遵守各项规定，保证办公室消防安全	督导分管业务人员遵守公司有关办公室及工位、线路管理等各项规定	保证办公室消防安全

其次是探索完善领导干部年终“述职述廉述安全”的制度体系。现在，各级领导干部在企业职工代表大会上述职述廉已经成为惯例，按照安全生产“三管三必须”的原则，可以尝试探索将安全生产履职情况纳入领导述职的必要内容，建立各级领导年终“述职述廉述安全”制度，这不仅有助于时时提醒各级领导肩负的安全生产职责，也能推动企业各

级管理人员用实际行动进一步率先垂范。基层单位可以尝试采用季度安全生产述职的办法，内容包括本季度安全生产目标指标完成情况、个人安全生产行动计划执行情况以及重点督办的安全生产工作进展情况等。安全生产述职报告要在公司和单位门户网站上公示，接受全员监督和直线业务部门的季度考核。同时，在设计绩效考核时要把正向激励作为推动安全生产绩效的重要手段，改变那种只有责任和压力、难有动力和利益的被动局面，最终把安全生产责任执行的短期行为变成长效机制。

四、责任落实难：怎样做才能不为事故“埋单”

“动员千遍，不如问责一次”。任务的落实在于责任的落实，责任的落实在于责任追究的落实。责任不清，自然压力不大、动力不足；追责不到位，必然不痛不痒、无所触动——不追究责任，再好的制度也会成为“纸老虎”“稻草人”。

当前阶段，责任追究确实是激发担当精神的有效途径和手段。通过问责，更容易实现压力传导。特别是针对有些企业安全生产压力传导变形走样的现状，更应该以“不落实之事”倒查“不落实之人”，上下贯通查问题，坚持失责必问、问责必严，推动解决“制度空转”“压力空传”“责任空置”等一系列痼疾难题。

翻看近年来的事故调查报告，责任追究报告中人员处理多以安全生产监管人员为主体。2015 年天津港“8 · 12”瑞海公司危险品仓库特别重大火灾爆炸事故发生后，安全监督部门的多名领导干部被追责问责，随后网上出现不少事故反思的文章。尽管反思的角度不同，但所有讨论的核心还是那个困扰了安全监督人员多少年的老大难问题：怎么干才能不为事故“埋单”？

在社会公众眼中，安全生产监督部门更像“灭火队”。社会公众经常在各种新闻中看到：事故发生后，先是上级发指示要求全力抢险，妥善处理相关事宜，然后安全监督部门领导带队到现场指挥抢险，成立调查组，接着是企业停产整顿，开展安全大检查，最后是公布事故调查报告，处理相关责任人。看起来安全监督人员忙忙碌碌、兢兢业业，成为企业领导眼中的“万金油”和“万能表”，但实际上哪些工作真正属于安全监督部门的自身职责？

许多企业对安全监督部门的职能界定不清，监督责任与主体责任层次划分不明，导致安全监督部门始终在“运动员”和“教练员”身份间徘徊不定，特别是在参与业务部门安全生产管理工作的程度和深度方面，经常处于进退维谷的两难境地：干多了容易越位，干少了容易缺位；管深了容易越权，管浅了容易失职。有限权力面临无限责任，安全监督一度成为企业内部的高危职业。

有人发出这样的疑问：交通事故发生后，并没有交警被处罚；生产安全事故发生后，为什么要处理安全监督人员？前几年，一篇《不能带着原罪干安监》的网络文章引起众多人的关注。

原罪，是指人类生而俱来的、洗脱不掉的“罪行”。安监（即安全监督）的原罪在于干了安监这一行，对自己的职业未来感到恐惧和焦虑，干安全的反而没有安全感，而这些恰恰不是努力工作能够改变的。

文章认为，在追责问题上，安全监督部门存在三个方面的困惑：一是监管如何到位。以发生安全事故必然是监管不到位的逻辑进行逆推理，那么，在任何事故面前，安全监督部门都无法摆脱被追责的命运，包括自然灾害和意外事件，因为任何事故都能找到点儿人为的因素，有人为的因素必定存在管理或监管问题，有问题自然昭示监管不到位。二是该执法还是不该执法。如果去检查，没有发现隐患有责任，发现隐患没有处置妥当有责任，发现 A 隐患而没有发现 B 隐患亦有责任。总之，去检查就有责任。不检查，就会被指责：为什么不检查？自然也有责任。三是所有安全事故都与安全监督部门有关。安全监督部门手里攥着“综合监管”这个魔术袋，什么都能装，还永远塞不满。综合监管的内涵外延谁也说不清，最大的问题就是模糊了安全监督部门与其他监管部门之间的责任边界，泛化了责任。久而久之，就连安全监督部门都觉得自己在综合监管领域有责任，哪个行业出了事故，自己都脱不了干系，平日里战战兢兢。鉴于上述情况，面对事故，安全监督部门几乎无法证明自己是否监管到位和执法到位。

文章还强调，要尽职履责，就要明确尽什么职，履什么责，权责要清晰透明、对等、可公正评价。无论发生多么重大的事故，每个安全监督人员都能心里敞亮，根据自己干了什么、没干什么，可以准确预判将要面对什么。只要自己做到位了，到哪儿都硬气，心里有底气。

这几年，因为重大安全事故，各级人员频频遭问责，但重大安全事故还是频频发生，这就需要对当前的问责制度进行反思。处理生产安全事故的最终目的是防止和减少同类事故的重复发生，而不仅仅是为了“追究责任人”。事故发生之后，首要任务是尽量减少人员和财产损失，更为重要的任务是查清事故背后的深层次原因，通过一次事故调查，督促企业安全管理获得一次长足进步。一味强调责任追究，反而会适得其反。对于一些企业领导者而言，一旦发生生产安全事故，首先想到的就是如何减轻责任，甚至是如何推卸责任，“举一反三、吸取教训，严防类似事故再次发生”则更多地成为一种对外官方表态的语言。事实已经证明，尽管近年来从上到下采取了诸多措施，各级领导对安全生产高度重视，但各类生产安全事故依旧多发频发，应该说与当前的事故处理和责任追究方式不无关系。

再来看一篇2021年9月15日《新京报》特约评论员的快评文章。

问责××市应急管理局三领导，是否坚持了审慎科学？

近日，××省××市通报对××区“9·10”燃气爆炸事故问责处理情况，除属地政府相关领导与住建部门领导被问责外，该市应急管理局的三位领导也被问责。

对这样的问责结果，舆论场上产生了不同意见。一方面，燃气安全监管的主要责任在住建部门，应急管理的主要责任则在综合监管部门，但后者受到的问责处罚反而重于前者，这似乎不太合理。另一方面，问责结果三天就公布了，其程序的严谨性也受到质疑。想必对此，该市也会有进一步的释疑。

问责是压实各方责任以有效遏制安全事故的一种有效手段。随着经济社会的快速发展，“安全生产”的内涵与外延都发生了重大变化，变成公共安全的重要组成部分。生产安全追求的不仅仅是企业生产过程中对作业者的保护，除了管生产必须管安全，日常运转中还加上了“经营”“行业”“业务”，变成了“三管三必须”，其目的在于编制一道全方位、无缝隙、全链条的安全生产监管网络。

住建部门是安全生产委员会的成员单位，直接负责燃气安全管理，而作为安全生产委员会办公室的应急部门所履行的是综合监管职责，相对宏观一些。具体而言，综合监管是系统性、协调性监管，并不是全面性、替代性的监管。应急管理不是应急管理部门一家之事，牵头不是包揽，更不是兜底。换言之，出了公共安全事故就一定要追应急管理部门的责，这是一种错误认识与偏见。有权必有责，有责才担责。问责一定要问而后责，按照制度规矩理性问责，不能将问责当成甩责、推责的技巧。

问责不仅要理性，还要科学。问责的基础是科学的调查评估。事故的归因异常复杂，不经过科学的调查评估而匆忙问责的结果，往往会损害问责制的权威性。在这次该市燃气爆炸事故中，问责“各打五十大板”，看似“雷厉风行”，其实并不利于事情的最终解决。

应急管理部门一年365天、每天24小时应急值守，处于高风险、高压力、高负荷状态，随时面对极端情况和生死考验。对应急部门工作人员进行问责，更需理性、严谨，以体现不枉不纵、严管与厚爱相结合的原则。不妨为应急管理人员建立一定程度、特定条件的免责制度，因为应急决策和行动常常是充满风险的两难抉择。这不是赋予其问责的“治外法权”，而是为了让应急管理人员更好地履责、担责、尽责。

勇于修正错误与坚持真理一样，是优秀的公共治理品质。如果对应急管理人员的问责有失公允，那就应启动纠错机制并还其以公道。否则，不适当的问责就会影响应急队伍的整体士气，进而可能损害公共安全，与问责的初衷背道而驰。以此而言，对该市应急管理局三领导的问责，有必要进行商榷。

2009年实施的《安全生产监管监察职责和行政执法责任追究的暂行规定》第十九条，规定了安全监督部门不必承担责任的十种情形。具体条文如下。

有下列情形之一的，安全监管监察部门及其内设机构、行政执法人员不承担责任：（一）因生产经营单位、中介机构等行政管理相对人的行为，致使安全监管监察部门及其内设机构、行政执法人员无法作出正确行政执法行为的；（二）因有关行政执法依据规定不一致，致使行政执法行为适用法律、法规和规章依据不当的；（三）因不能预见、不能避免并不能克服的不可抗力致使行政执法行为违法、不当或者未履行法定职责的；（四）违法、不当的行政执法行为情节轻微并及时纠正，没有造成不良后果或者不良后果被及时消除的；（五）按照批准、备案的安全监管或者煤矿安全监察执法工作计划、现场检查方案和法律、法规、规章规定的方式、程序已经履行安全生产监管监察职责的；（六）对发现的安全生产非法、违法行为和事故隐患已经依法查处，因生产经营单位及其从业人员拒不执行安全生产监管监察指令导致生产安全事故的；（七）生产经营单位非法生产或者经责令停产停业整顿后仍不具备安全生产条件，安全监管监察部门已经依法提请县级以上地方人民政府决定取缔或者关闭的；（八）对拒不执行行政处罚决定的生产经营单位，安全监管监察部门已经依法申请人民法院强制执行的；（九）安全监管监察部门已经依法向县级以上地方人民政府提出加强和改善安全生产监督管理建议的；（十）依法不承担责任的其他情形。

安全生产责任体系包括目标制定、分解、控制、考核、追究5个步骤，这样才能形成一个完整的管理周期，但由于缺少过程监控和组织保障，长期以来各企业安全生产责任制度大多只重视责任制定和责任追究前、后两个阶段，甚至有一些领导认为，责任制主要针对的是事故后处理和事故后追究，或者直接将其简单理解为事后惩罚。在年初隆重签订责任书之后，安全生产责任制就成了事后追责的依据：只有发生了事故才想起安全生产责任制，不出事故不问责，甚至是不出人命不问责。

这就是许多企业现行的事故追究规则：以是否发生事故或事故的起数、死亡人数、受伤人数和直接经济损失作为主要评价标准，或者说是责任标准。更多时候是按事故死亡人数追究和确定各个层面的领导责任，不管你是否履行了职责，也不管你做了哪些工作，只要死亡人数达到某个层面的标准，就要对这个层面的领导进行处理。这样的责任追究方式使管理者经常处于无助无奈的境地，相应地也会产生抓与不抓一个样、抓好抓坏一个样、碰到事故只能自认倒霉的消极思想。这种以“事故后果论英雄”的安全生产评判方式，并不能准确反映各企业作为安全生产责任主体的实际安全管理水平和安全业绩。

要想解决这个问题，一方面要变重视“两头”为系统控制，尽快建立科学合理的、以定量为主的指标考核体系：有常态问责，就有常态尽责；有全程问责，就有全程尽责。当前许多企业开始考虑在责任指标体系中设立杜绝性指标、结果性指标、过程性指标和奖励性指标，变事后纠正为事前、事中预测纠偏，变事后否决为事前预警、事前督办，这是一种极为有益的探索；同时，许多企业开始尝试建立各种与责任制相配套的制度和规定，形成一套完整的、层层分解和落实各项指标的具体实施计划和可执行方案，明确各级领导干部对履行安全生产职责的具体要求。对任何一个环节基本上做到责任主体明晰、工作标准清晰、考评指标量化、责任追究具体，通过强化过程控制和阶段目标监管，以确保对全年目标的系统控制。与此同时，安全生产监督部门要抓好责任书落实情况以及控制指标的跟踪检查和监督考核，坚持一月一通报，一季一分析，半年一督查，年终一总评，及时发现和纠正履职过程中存在的问题，确保安全生产责任制各项工作部署落到实处。

另一方面，要探索构建以预防为主的安全生产责任体系。这一体系以治理安全隐患和控制最大风险源为安全生产责任目标，并将其作为责任者的业绩考核和奖惩依据。目前，已经有一些企业制定了重大生产安全事故隐患责任追究办法，明确属上级安全生产监督部门、企业集团层面各类检查和举报核实的重大安全隐患，由集团公司组成调查组，查清重大隐患产生的原因，鉴定各级管理责任，做出责任处理，制定防范措施，形成处理结果并报送公司事故隐患排查治理工作领导小组。集团公司事故隐患排查治理工作领导小组通过安全生产委员会、安全例会、每周早会等形式研究认定处理结果，下发处理通报。还有一些文件明确规定，对重大隐患、严重不安全行为存在应查未查、应改未改、应停产未停产、应追究未追究的，以及情节严重、影响恶劣、造成严重后果的，必须严格进行责任追究，同时规定了对重大隐患责任的追究处罚标准：对相关部门责任人可给予解除劳动合同、行政降级、留用察看、行政记大过、行政警告、记过、罚款、撤职等不同程度的处分。

针对各种现实情况，一些企业也明确规定：凡被上级查出应整改而未按时整改隐患的，要进行责任追究。如果是没有能力消除的隐患，且已经及时汇报上一级，而该级领导未及时安排处理，那么该级领导应负主要责任，也必须比照事故后果给予责任追究。同时，也规定了不予追究、不予处罚的情形：集团各级检查人员在安全检查中发现生产经营单位有重大隐患，基层单位自检或日常检查已发现，正在按照有关要求落实治理，且已按规定进行责任追究，并纳入本单位各项考核之中，在集团各项考核时应予不扣分、不通报、不处罚、不追究。

这样，通过变事故追究为隐患追究，进而明确完成目标的责任规范，以此建立安全生产责任履行过程中的自我约束机制。这就要求各企业首先要对本单位的事故隐患做全面深入的调查分析，制定单位控制和治理安全隐患的目标，然后由各部门、二级单位分别制定相应目标和责任规范，并将其分解到班组。特别是在进行年终考核评估时，要充分体现和考虑企业自身安全隐患控制指标完成情况，把责任考核与分析解剖过程管理中存在的漏洞和薄弱环节有机结合起来，达到过程与结果并重的效果，将企业领导的注意力逐渐引导到扎扎实实抓基础工作和过程管理上来，逐渐改变那种事故驱动型的、单纯以结果成败论英雄的传统模式。

2021年1月，《中央纪委国家监委开展特别重大生产安全责任事故追责问责审查调查工作规定（试行）》（以下简称《规定》）和《关于在特别重大生产安全责任事故追责问责审查调查中加强协作配合的意见（试行）》印发，明确了特别重大生产安全责任事故追责问责审查调查的工作程序和有关要求，确立了相关部门各司其职、各负其责、协同配合的工作机制，对于提升事故追责问责审查调查规范化、法治化水平，落实安全生产责任制，具有很强的针对性、指导性。《规定》从开展审查调查、处理处置、问责、事故调查监督、以案促改等方面规定了中央纪委国家监委的主要职责，将国有企业管理人员纳入调查对象范围，明确界定以事立案和确定被审查调查人后可以采取的措施，对涉嫌违纪、职务违法、职务犯罪、失职失责问题一体查处，进一步细化落实了生产安全事故责任追究有关要求，也有利于倒逼各级行业主管部门、安全监管部门、地方政府、国有企业管理人员层层压实安全生产责任。

困局二

开会部署、发文强调和开展检查活动，是企业安全生产监管的“三板斧”。多年来我们已经习惯用文件、会议和检查代替安全管理。从某种程度上来说，正是这种造势式和运动式的安全监管所形成的表面上、阶段性的好转掩盖了传统管理手段的粗放和弱化。

——不检查、不发文、不开会，安全监管还能做什么？

◎ 一、不能否定安全大检查的作用，这是当前和今后很长一段时间内强化安全监管的重要手段

◎ 二、安全生产检查的要义是“医生把脉看病”，而不是“警察抓小偷”

◎ 三、既要重视问题的整改率又要重视问题的重复发生率，坚决杜绝那种“大把抓问题，又大把放问题”的现象

◎ 四、企业接受检查终归是一时的、局部的，要“经得起检查”，更要“经得起不检查”

◎ 五、企业需要一种长久、规范的监管制度保障——用什么来代替当前的安全大检查

◎ 六、面对监管力量不足的困局，如何真正做到全方位、无死角监管

紧急通知开会，紧急发文整顿，紧急开展安全生产大检查，是近年来安全生产工作留给社会媒体和广大受众的一个显著的标签。一旦发生重大事故或是处于重要敏感时期，现场会议、督查文件、安全大检查活动立刻出笼，各个层面都是雷厉风行立即开展安全整治。这种场面轮番出现，以致有人开始提出质疑：今天的安全生产是不是正在走向一种过度监管？

年年安全大检查，年年都是老一套。领导带着走，部门跟着转，走了一遍又一遍，隐患依然是大隐患。这种例行公事的安全检查，整体部署粗对粗、工作要求虚对虚、检查重点空对空，企业依靠这种“攻坚战”“歼灭战”和“速决战”方式，力图在一段时间内突击形成高潮，但一个阶段之后，又回到老样子，事故隐患再次抬头，于是又从下一次重大事故开始，如此循环反复。

安全生产毕竟是一个触动观念、推动转变、带动行为的艰难过程，很难在短时间内达到立竿见影的效果，不是靠一年、两年的突击以及一次、两次的检查就能做好，不是靠短期的努力就能一蹴而就、一劳永逸的。如果只是满足于打“突击战”，求一时之效，往往会陷入“按下葫芦起了瓢”的窘境，急于求成的结果就是花架子多、形式主义泛滥。不少企业在安全专项整治过后依然如故，同样的问题重复发生，深层次问题难以触及，新的问题又不断产生，说明安全生产工作很大程度上还未离开“头痛医头、脚痛医脚”的老路，没有从表面现象追溯到问题的本质，没有从管理缺陷中找出系统性的问题……一言以蔽之，就是始终不能真正掌握安全生产工作的主动权。

有人称这是安全生产监管的“陷阱和死结”。

安全生产监管过程中有一个著名的“五个了之”现象：隐患问题一罚了之，发生事故一停了之，挂牌督办一挂了之，视频会议一开了之，事故通报一发了之。一些企业在安全生产监管方面“习惯于层层照转，热衷于做细方案，停留于开好大会”，用方案落实方案，以会议贯彻会议，用检查代替监管。有这样一幅对联：“你开会我开会大家都开会”，“你发文我发文大家都发文”；横批“谁来落实”？

2015 年 4 月 2 日，国务院办公厅印发《关于加强安全生产监管执法的通知》，明确提出国务院、地方各级人民政府和负有安全生产监督管理职责的部门都要创新安全生产监督执法机制。要求国务院安全生产监督管理部门加强重点监管执法，实行重点监管、直接指导、动态管理；地方各级安全生产监督管理部门要建立与企业联网的隐患排查治理信息系统，实行企业自查自报自改与政府监督检查并网衔接，并建立健全线下配套监管制度，实现分级分类、互联互通、闭环管理等。

从运行实践上看，许多企业的安全监督工作始终落在事故的后面，往往是典型的“反应性”管理，而不是未雨绸缪式的“前瞻性”管理——似乎总是在被动地“吸取教训”。纵观整个“十二五”“十三五”期间，全国安全生产监管的一大特点就是专项治理、集中攻坚，特别是在每一次重大事故发生之后，国家层面都会组织大规模的安全大检查，并在全国范围内开展大规模的督导行动。

2010 — 2011 年，煤炭、水利等行业先后发生六起重大事故，2012 年国务院组织开展“打非治违”专项行动。

2013 年上半年，接连发生“5 · 11”四川煤矿瓦斯爆炸事故、“5 · 20”济南特别重大爆炸事故、“6 · 3”吉林宝源丰禽业特别重大火灾事故后，国务院要求迅速开展全国安全生产大检查，近 500 万人次参加，2 万多家企业被检查，680 多万项隐患被查出。

2013 年在青岛“11 · 22”事故发生后，国务院安全生产委员会组织开展油气管道隐患治理攻坚战。

2015 年在天津“8 · 12”事故发生之后，在全国范围内开展危化品和易燃易爆物品安全专项整治攻坚战。

…………

从整体来看，不管是政府还是企业，各个层面对安全生产的重视程度前所未有，工作力度前所未有，高压态势前所未有。许多企业对安全生产工作一月一开会、一季一通报、半年一督查，强调一分的工作部署必须要用十分的检查来推动，用十二分的具体措施来保障。

特别是只要企业一出事故，会议、文件、检查马上出笼，以会议贯彻会议、以文件传达文件、以检查促进检查，看似动作不少，实际只是原地空转，俗称“猛踩油门不挂挡”——上级要求和政策精神大多停留在文件、会议和口头传达上，用文字或材料来应付上级布置的检查督办，以文字对文字、以材料对材料，只见材料而无实质动作，只做表面文章却无法触及安全监管的实质内涵，制度文件不断下发却无具体举措，根本无法发挥制度或政策的预期作用。

长期以来，人们把文件看作安全生产的文字工作，把会议看作安全生产的管理工作，把检查看作安全生产的具体工作，这三项并称为“安全生产监管的最重要手段”。国内企业的安全监管干部留给人们最深刻的印象就是永远都在忙，平时忙检查、忙开会，发生事故更是第一时间赶到现场进行调查，参与处理……

以会议落实会议，以文件代替管理，依靠检查推进工作，多年来已成为许多领导干部的工作习惯。一些企业领导者认为，只有下发了文件、召开了会议才算履行了职责。各类文件中，常说的老话多、正确的废话多、漂亮的空话多、严谨的套话多，逐级开会发文，逐级传达落实，然后是一级一级向上汇报文件精神的贯彻落实情况，年终提交工作总结意味着工作完成。这是一个完整的套路，这样做没有对与错，没有好与坏，只是一种工作惯性。

值得肯定的是，上边抓得紧一些，领导强调得多一些，会议的声势高一些，检查的密度大一些，对于安全生产的推动效果肯定会好一些。这种通过文件会议、监督检查强化监管的方式在现阶段不可或缺，也确实会在实践中见到一定效果。据不完全统计，目前涉及安全生产的文件大概有这样几种：有落实上面要求的，有强调重点工作的，有特别安排部署的，等等。文件内容大多是对企业各种安全生产常规动作的补充和完善，或者是再要求、再强调、再落实，最为通用的文件名字是《关于加强当前安全生产工作的紧急通知》，特别是每值年终岁尾、重大节日或者重要活动等特殊时期，不同层级、不同领域的上级领导机关围绕同一主题下发的安全文件更为集中，都是就这一时期的安全生产工作进行“大声喊话”，名称固定、时间固定，文件的内容也基本固定。

实际上，近年来各级政府机关曾多次发文要求精简会议和文件，让企业从“文山会海”中解脱出来。2019年3月11日中共中央办公厅下发《关于解决形式主义突出问题为基层减负的通知》（以下简称《通知》），明确提出将2019年作为“基层减负年”，其中针对目前“文山会海反弹回潮”的问题，在以下几个方面做出了具体规定：一是层层大幅度精简文件和会议；二是明确中央印发的政策性文件原则上不超过10页，地方和部门也要按此从严掌握；三是提出地方各级、基层单位贯彻落实中央和上级文件，可结合实际制定务实管用的举措，除有明确规定外，不再制定贯彻落实意见和实施细则；四是强调少开会、开短会、开管用的会，对防止层层开会做出规定。

国外一些企业更习惯用标准制度实施管理，它们认为：已经下发了标准制度，为什么还要频繁下发文件？制度和文件哪个效力更大？在一次非正式座谈会上有人专门提到这个问题：当规章制度和文件的内容有差异，甚至两者的相关要求明显背离的时候，到底应该遵循哪一个？在它们看来，一个企业如果经常需要单独下发文件来部署工作，并且安排布置的工作内容超过规章制度的规范范畴，就说明企业在制定标准制度方面出现了问题，就需要从整个管理体系上进行补充完善，同时必须经过公司管理层讨论，并经过员工认可之后方可进行规章修订。这种修订一般在每年年底进行，下一年度才能正式执行。在平时，它们做的更多的是发出“安全提醒”等预警信息而非有实质意义的部署要求。在这方面也值得我们借鉴。

发文、开会和大检查仍是当前提高全员安全意识、减少事故隐患的重要途径。现阶段也确实需要这种整治形式，集中时间、集中力量突击解决和抑制一些表面上的突出问题——这种安全生产领域的“专项整治”带有鲜明的时代特征。多少年来，我们一直坚持的“安全监管三板斧”并没有从根本上改变安全生产严峻的局面。为什么绝大多数企业至今仍乐此不疲？坦率地说，是因为责任。

不同层级对上一级安全生产工作的落实部署，都会从紧急开会、下发文件和组织检查着手，这是一个基本的态度。尽管都知道开会、发文和检查可能不会有太大作用，但每个企业都会第一时间按这一套路进行安排，认认真真地“走过场”，表面上看是严格落实要求，实质是为了在应对上一级的检查时推卸责任：会开了，文件下发了，领导也要求了，再出问题就是下面落实不力了。如此，层层反复，会议不断、检查不断、文件泛滥，形似负责，实为推责。这在许多企业领导思想中逐渐演化成一种避责式的安全监管思路。

一、不能否定安全大检查的作用，这是当前和今后很长一段时间内强化安全监管的重要手段

安全生产工作是一项具有自身运行规律与特点的综合性工作，不管是从工作内容还是运行过程来看，检查都是其中极为重要的一个环节。管理学上有这样一个原理：人只愿意做面临检查的事以及领导关心的事。“天下之事，不难于立法，而难于法之必行”。没有检查，安全生产各项工作部署就难以有效地贯彻；没有检查，安全生产责任就无法真正地落实。安全检查可以在较短时间内集中、迅速、有力地推动安全生产各项工作全面展开，是当前各级政府和企业掌握、控制、指挥、协调安全生产工作全局的重要手段。

特别是当前许多企业安全生产的基层基础还相当薄弱，设施老化与管理缺陷相互交织，新、旧装置设备并行运转、良莠共生、骏驽共驾的

局面依然存在，短时间内又无法做出彻底改变，强化安全监管的任务依旧繁重艰巨。企业员工的安全生产素质同样不容乐观，同一件事、同一项操作、同一道工序，往往是你可以这样做、他可以那样干，这次可以这样做、下次又可以换个花样干……一些企业基层领导平时对现场各种违章现象睁一只眼、闭一只眼，安全管理忽左忽右、忽松忽紧。上级强调时就轰轰烈烈抓一阵子，领导检查时就加班加点忙一阵子，出了问题时就手忙脚乱干一阵子，不出事无人过问，出了事相互推诿，对现场安全动态不掌控、不过问，这种严重的管理违章在企业中绝不罕见。

当前安全生产工作面临的诸多问题中，有体制机制方面的，有思想意识方面的，有保障落实方面的，也有隐患排查整治方面的。要解决这些问题，要求企业必须分清轻重缓急，逐步研究推进：既要着眼长远，制定长期规划，注意日常巩固，持之以恒地抓下去；又要立足当下，把现阶段安全监管工作中最薄弱的环节当作突破口，集中时间、集中力量突击完成，在一段时间内形成高潮，在短时间内取得成效。简单来说，就是既要立足当下又要着眼长远，既要治标又要治本，而安全大检查就是当下治标的一个重要手段。

安全生产的“两手抓”就是要一手抓管理、一手抓强制，既靠思想引导，又靠规章制度约束，两个方面相辅相成，才能确保安全管理符合客观规律，任何一手软了都无法收到实效。“条条规程血凝成，不可再用血验证”，对企业用生命和鲜血换来的各项规章制度，必须要不折不扣、没有任何借口地执行；但任何规章制度，单纯依靠自觉、自愿是不可能落实的，必须要有强制力和约束力保障执行。无章可循不行，有章不循更不行。企业的权威就体现在以它严明的制度约束劳动者从事有效的生产活动，有法必依，执法必严。

当前，安全生产绝不能建立在系统、设备不出故障，员工不犯错误的基础上，而应该建立在系统、设备肯定会发生故障，工作人员也肯定会犯错误的基础上。基于此，企业必须进一步加强安全监管——安全生产大检查就是强化监管最重要的举措。几乎每年国家有关部门都会在全国范围内开展安全生产大检查或者安全督导活动，并针对重点行业、领域开展专项整治。实际上，好多事故发生之前，安全监督部门就已经针对存在的隐患和问题，一而再、再而三地下达停产、停业整顿通知书，然而企业并没有完全执行，最终“温水煮青蛙”酿成大祸。

企业安全生产工作千头万绪，各级领导要善于“弹钢琴”，特别要善于从众多的矛盾中找出影响和制约安全生产的主要矛盾，处理好“突击战”与“持久战”的关系。每一个阶段的专项整治都应突出一两项重点内容，抓住关键、薄弱环节，集中优势兵力各个击破。在不同阶段、不同时期、不同行业，针对不同的倾向性问题实施专项治理的目的就是取得“牵一发而动全身”的效果。这也是当前进行安全生产大检查的意义。

当前安全大检查的一个显著问题是“大水漫灌式”地覆盖，追求面面俱到、全线作战，芝麻西瓜全都要，没有主次先后。有的单位照抄照搬安全生产大检查文件，内容空洞重复，有检查无分析、有问题无整改、有责任无追究，致使企业对存在的问题不能引起高度重视；还有的检查组沉不下去、作风飘浮，只给基层下任务、压担子，不给基层创造条件解决难题。因此，目前企业安全生产大检查活动中容易出现一种奇特的冷热不均现象：上级部门热、下级单位冷，出事故的企业热、没出事故的企业冷。对安全生产大检查的重视程度一级比一级低、检查力度一级比一级弱、效果质量一级比一级差，原来设想和期待的层层发动、深入开展、务求实效的结果往往很难实现。

这种安全检查活动很大程度上还是靠“运动战”来推动解决各种现实问题，没有从注重一般号召、平铺推动转移到突出重点、培育典型，以点带面推动全局工作上来，没有从注重事后处理和监督检查转移到注重源头治理、过程管控以及提高安全风险管控水平上来，没有从依靠高压严管转移到推动长效机制建立上来。实践证明，依靠这种老方法、旧套路的监管手段和监管方式并不能掌握安全生产工作的规律性和主动权，这种方式已经明显不适合当前安全生产面临的新形势、新环境和新要求。

2019 年 4 月 1 日下午，记者通过 ×× 市应急管理局官网了解到，当日 15 时左右，该市 ×× 区 ×× 公司发生一起着火爆炸事故。接报后，市应急管理局局长等主要负责人立即带领有关人员赶赴现场，了解事故基本情况，开展应急救援处置工作。经初步了解，事故是由厂区内化学材料着火引起的。截至 16 时，现场人员已疏散完毕，无人员伤亡，该市市委、市政府主要领导已赶至现场，指导救援处置工作。截至 16 时 20 分，现场火势已经得到控制，相关原因正在调查中。耐人寻味的是，4 月 1 日上午，该市政府官方微博发布信息：为深刻汲取“3 · 21”爆炸事故教训，连日来，市消防救援支队以整治火灾隐患为导向，坚持打主动仗、攻坚仗，全面开展化工企业消防安全大检查，及时发现问题，严格抓好整改，进一步消除火灾风险隐患……

2022 年 2 月，广东省惠东县一铸造厂发生爆炸，造成 3 人死亡、2 人重伤、13 人轻伤。国务院安全生产委员会办公室在通报中说，当地市、县两级应急管理部门曾先后 3 次到企业执法检查，均未查出企业擅自改装等问题。《中国应急管理报》刊文称，基层一些安全监管人员专业知识欠缺，难以发现企业在生产工艺流程和技术上的安全隐患，同时迫于检查考核压力，只能避实就轻，将安全检查重点转移到台账资料方面。针对安全生产检查中存在的突出问题，《半月谈》也曾在评论中指出，一些地方搞安全检查爱做表面文章，专挑安全搞得好的企业检查。有基层人员说，如果没有发现安全问题却发生事故，就算失职。相比之下，多到安全搞得好的企业去检查风险要小得多。

实际工作中，一些单位为了应付检查，只做表面文章，不求实际效果，检查结束后依旧我行我素。这是一种假落实、假贯彻的倾向，也是一种极其严重的形式主义，是当前安全生产工作中最不能容忍的现象——明知道这些检查是在走过场，但是为什么有人偏偏喜欢搞形式主义呢？

搞形式主义的东西，随手就来，不用动脑、不用创造，是“马上见效的”“上级关注的”，且视觉效果好，容易出成绩，这种表面上的声势代替了抓安全工作的力度，轰轰烈烈的表象掩盖了背后的固有套路。另一个原因就是少数领导不作为，面对矛盾不敢动真碰硬，工作能拖就拖、能等就等、能推就推。一些企业领导出于特有的“免责心理”，在面对上级下发的任务和做出的安排时首先想到的不是如何把事情做好，而是如何避免承担责任，尽快按要求组织程序化的安全大检查就是这种心理的直接体现。

二、安全生产检查的要义是“医生把脉看病”，而不是“警察抓小偷”

那么，当前企业到底需要什么样的安全大检查？

这的确是个很难在短时间内给出确切答案的问题，但有一点可以肯定，传统的安全大检查必须有所改变——当前这种安全大检查更像是“警察抓小偷”，是一种企业与检查者之间无声的较量和博弈。从近年来各类安全生产检查的情况来看，大多数企业的隐患整改一直围绕“低老坏”等问题，在浅层次、低水平上重复进行，治表的监管太多，固本的强化太少，许多深层次问题并不能得到有效解决，这是导致同类生产安全事故重复发生的重要原因。还有的单位片面地理解从严监管的要求，针对检查发现的问题不分原因、不分类型就进行处罚，希望简单依靠处罚手段达到降低事故发生率的目的，致使基层员工难以清晰地认识问题存在的根源，对如何解决问题也无从下手，不能抓住关键去控制，不能加大力度去整改，隐患屡查屡有，此消彼长，难以深入。此外，由于基层员工感受不到检查活动对本企业管理水平提升的促进作用，因此其参与检查活动的积极性大大降低。

大检查之后对下属单位的问题和隐患直接点名通报，是现在流行的做法。在每次安全大检查总结通报大会上，检查组都会把发现问题的数量显著标出，每次汇总发现的问题少则几千个，多则十几万个、几十万个，一般上级企业会结合发现的问题对相关单位毫不留情地进行点名批评，甚至有的还会结合发现的重大隐患对相关责任人进行追究处罚，抓住不落实的事，找出不落实的人，查出不落实的原因，追究不落实的责任。某种程度上说，这已经成为衡量安全大检查质量和效果的重要依据。

事实上，直接把发现问题的多少作为评估安全检查质量的依据不一定科学，现阶段发现问题的数量也并不能完全反映企业的安全生产风险管控水平。许多企业领导理所当然地认为，随着安全检查的逐步深入，现阶段检查出的问题数量应该不断下降，但实际上，随着监管手段的改善，问题集中爆发期还将持续，隐患问题还可能会在一定阶段逐渐逆向增多。关注的焦点还在于，许多受检单位认为，如果一定要在全系统的大会上点名通报，应主要集中在一些涉及多头管理、体制机制等系统性、综合性的问题上，或者集中在全系统范围内具有代表性和普遍意义的问题上，仅仅为了一个“跑冒滴漏”的浅层次的问题就大张旗鼓地对一个单位进行点名批评有些小题大做，也完全没有必要。此外，点名通报批评过多，一些企业反而会变得更加麻木，更加满不在乎，这也成为阻碍安全生产大检查持续深入的重要因素。

因为害怕被点名通报，企业在检查过程中对发现的问题极力掩饰，不能长期做到高标准、严要求，不能始终做到把小事当大事，无事当有事，把别人的事当自己的事，往往只是敷衍了事，或者认为这些都是小问题，不会造成什么严重后果，不值得大惊小怪，对查证的隐患也多方疏通辩解，企图蒙混过关：在检查人员发现问题后，受检单位立即表示马上进行整改，但同时提出希望问题不要上报。双方有时会在这方面尖锐对立，进行反复沟通，一方面在努力发现问题，另一方面却在极力掩饰，这已经严重扭曲了安全大检查的本来意义。

来看一份煤矿安全生产大排查情况的通报。

一是对大排查工作重视程度不够，不动员部署，不组织研究。A煤矿没有牵头组织开展排查工作，B煤矿只以文件签批的形式部署自查自改，自查自改工作全部由生产技术部门包办。二是自查自改不深入，不按要求全面自查，存在走过场的现象。C煤矿自查自改敷衍了事、虚于应付，未按规定对照自检表找差距或逐项描述现状。D煤矿开展自查用时过短，没有真正从全系统、各环节组织排查。E煤矿自查问题隐患避重就轻，排查出的都是“鸡毛蒜皮”的小问题，如排水管路漏水，水池内有杂物，等等。三是隐患问题整改不到位，没有分析隐患产生的根本原因。F煤矿自查结束后没有建立问题和隐患台账，未按照“五落实”的要求及时消除隐患。检查发现个别煤矿自查自改报告显示自查问题隐患已整改到位，实际并未整改，存在假整改、假闭合现象。G煤矿没有对排查出来的问题和隐患进行分析，未将突出问题、深层次问题、共性问题纳入“两个清单”。四是吸取事故教训不深刻。H煤矿对近期煤矿事故情况不了解，对应急部视频会议精神存在一发了之、一转了之的情况，未有效传达会议精神并制定贯彻落实措施。

以上短短的一段通报当中就有8家下属单位被点名。许多企业安全监管干部明确提出，每次检查总结会上的点名通报确实给他们带来很大压力。特别是在当前民主测评、干部考核力度不断加大的情况下，有的干部怕因得罪人而“丢分”，不是把精力放在如何解决问题上，而是把功夫下在怎么把问题抹平上，想方设法推卸责任，或者力图把问题围堵在现场——把现场发现的问题完全归咎于员工的安全素质不高或安全意识不强，强调这是个人因素，或者把表面现象作为主要原因来分析，而不是从管理层面查找系统问题，这些都直接影响了安全大检查的质量和效果。

检查是一种督促制度落实的手段，是用非常态化的措施落实常态化工作的一种手段。处罚管理是最直接、最强硬的管理手段，从行为科学的角度来看，其对短期行为的校正作用最为明显，尤其是经济处罚的确能使违章员工因付出代价而有所触动。这种管理模式可能会在高压态势下取得立竿见影的效果，但对安全环境和氛围的养成没有好处，也容易造成检查者与企业员工心理上的对抗，诱发员工的逆反和对立情绪，很难使其从灵魂深处真正认识到违章行为对自身、家庭和社会造成的严重危害，从而降低企业员工履行职责的自觉性和主动性，往往形成你喊你的、我干我的，教育者与受教育者呈现出“油水两分离”的现象。

那么，如何尽可能消减下属单位对于安全大检查的抵触情绪？古语云：“上下同欲者胜。”对于安全监管来说，需要创新安全监管机制，构建上下同欲的监管模式，在思想上统一认识，在管理上实现各级监管部门和所属企事业单位共同参与、共同提升、相互促进。对在企业中发现的问题要主动跟踪验证，对问题的整改不能只是以简单的督办方式进行关闭，检查人员与企业员工要一起坐下来认真研讨，深入分析问题产生的原因，使每一次安全检查都能成为各级检查者和基层一线员工凝聚共识、加强学习、提升安全生产认知水平的重要契机，使安全检查过程成为推动各企业进一步落实安全生产责任制、强化落实岗位操作规程、提升风险管控水平的过程。

事实上，通过不断完善监管机制和安全检查方式，安全监管方和被监管方是可以相互影响、相互促进的。BP 公司在美国墨西哥湾漏油事故发生后，即要求所属各企业定期对经营场所进行自我安全检查，再由总部安全与风险职能部门对企业自查结果进行独立核实和审查，之后对检查发现的风险和隐患进行分级，并给予必要的定向指导和支持。这种指导式、服务式的检查可能效果会更好，也更容易被企业接受。对国内许多企业来说，检查其安全生产状况不能只是机械地以是否落实或执行上级制度要求来判断，而忽视了“在检查中服务指导”这种可能更能促进企业管理水平的提升和问题的解决，更容易使企业接受、更能对有些问题形成共识的方式。

检查的目的是帮助企业提升风险管控能力，而不是挑毛病、打板子，不能在监管与被监管者之间树立沟通壁垒。有的企业明确规定，管理人员佩戴白色安全帽，安全监督人员佩戴黄色安全帽，操作人员佩戴红色安全帽，这实际上在形式和员工心理上都形成了一种“隔阂”。监管方和被监管方的关系不是“警察与小偷”的关系，安全检查更不能养成医生那样的“职业习惯”——看着谁都有“病”。检查组一来，大家就认为他们是来找问题的，而且满眼都是问题，结果是企业当事人紧张，领导也不满意。

检查不仅仅是抓违规、抓隐患，而是要通过发现不安全状况和行为，与员工进行互动讨论，了解这个员工为什么这么做：是员工安全意识不强，心存侥幸，习惯走捷径，还是安全培训跟不上，规章制度宣传贯彻不够？与员工进行互动讨论可以进一步拉近管理者与基层员工间的距离，以其能够接受的方式进行深入沟通，并在此基础上努力发现不安全行为背后的深层次原因或管理缺陷，最后与员工共同研究提出下一步的改进措施。这就如同理发师一样，面对不同的顾客，他会用审美的眼光结合顾客实际做出整体策划，进而通过一步步的修饰为顾客塑造一个相对理想的形象。抱着这种态度进行的安全检查是正面的、积极的、鼓励性的，首先收集数据、了解信息，然后发现问题、解决问题，最终达到督促和引导的目的。这种沟通养成型的做法也许见效很慢，但只要持之以恒去培育这种环境，一旦养成将产生从量变到质变的结果。

更为重要的是，对安全大检查活动的认识，必须由“任务型、要求型”向“机遇型、需求型”转变。应本着轻看成绩、重看问题的态度，引导干部职工从主观上找原因，克服查摆问题时出现“蜻蜓点水”、避重就轻、泛泛而查的现象，力争做到“三不怕”：解剖自身存在的安全问题不怕严，亮出存在的安全问题不怕丑，触及思想深处的安全意识不怕痛。对于安全大检查发现的问题，也不能简单地一罚了之，可以采取“三罚三不罚”的原则：“三罚”是指典型的问题必须处罚，重复发生的问题必须处罚，上级通报的问题必须处罚；“三不罚”是指初次查出的问题不罚，已查出但正在采取措施整改的问题不罚，主动上报未遂事故和事件并吸取教训的不罚。

这种检查不揪辫子、不打棍子，检查结果不排名打分、不与绩效考核挂钩的方式，才能真正消除各单位以往迎检时的顾虑，才能使各单位在面对检查时不再掩盖回避问题，同时还会主动要求检查组帮助他们多多查找问题，借助外力来推动提升自身风险防控水平。

三、既要重视问题的整改率又要重视问题的重复发生率，坚决杜绝那种“大把抓问题，又大把放问题”的现象

为什么检查过了，整改通知书也发了，事故隐患却没有排除，事故还照样发生？原因无非有三个：一是隐患没有查出来，真的不清楚。二是隐患查出来了，不敢说清楚。三是隐患查出来了，假装不清楚。以上三个原因背后都能说明许多问题。隐患问题查出来了，要明确采取哪些

措施，措施是否得力，得力的措施有没有得力地加以落实，有没有再次检查督促，这些问题都要一环一环地抓落实。

在安全生产大检查活动中，有的单位确实存在着“大把抓问题，又大把放问题”的现象，只注重问题的整改率，而忽视了整改问题的重复发生率，使一些问题反复抓、反复发生，得不到根治。当然，发现问题是安全大检查的目的，而且是最重要的目的之一，但发现问题、找出隐患并不是安全生产大检查的最终目的。如果仍然存在单纯找问题的思想，没有把共同提升风险管控能力作为安全检查的出发点和落脚点，就会出现一边不断查问题、治隐患，一边又出现更多问题和更多隐患的现象，主要表现就是屡查屡有、屡改屡犯，问题屡屡出现，甚至是同一类问题在同一个企业多次出现。

表面上看，这一现象是因为企业整改不彻底，并没有找到问题产生的症结和根本，内在原因则是目前的安全检查模式亟须完善改进。当前通行的检查模式传统单一，基本固定在动员、部署、实施、总结四个阶段，很多企业对这种安全生产监管机制缺乏深入理解，没有将其作为提高自身风险管控能力的有效手段，更没有认真研究如何将国家要求、上级安排与本企业存在的突出风险深度结合，把安全检查看作企业负担，当作落实上级要求的临时任务，只注重形式、未强调效果，存在敷衍应付心态和消极抵触心理。实践中，企业各级员工应对安全检查的措施层出不穷，上紧下松、你查我改、不查不改，甚至查还不改的现象仍然存在。

此外，由于各检查组未采用统一的标准去衡量和评价生产经营单位的安全生产现状，导致不同的检查组对同一隐患根据不同的尺度标准提出不同的整改要求。有一个极端的例子：连续两次检查后，检查组针对同一个问题提出完全相反的整改意见，让受检单位感到极为困惑，无所适从。许多单位对此见怪不怪，往往是只求过关，不求实效，“雨过地皮湿”，少数单位甚至摸索出一套应付安全检查的惯用套路，认为大检查经常搞，时间到了任务自然就完成了，从而忽视了对检查结果的归纳分析和跟踪督办，未能借机形成上下联动、横向配合、齐抓共管的系统监管格局。

还有非常关键的一点是，安全检查人员没有压力。组织者把安全检查当成一次暂时的工作或者形式化的任务，没有对检查者应掌握的安全标准和专业知识提出要求，没有制定检查责任制，更没有将检查效果与责任挂钩。简单来说，就是对检查效果无考核，对检查质量无评估，导致检查组对检查的结果无压力。有的安全检查总结报告习惯借鉴套用已有的总结报告，呈现模板化、公式化倾向，内容放之四海皆准，没有触及实质性问题，没有彰显企业特点和亮点，更谈不上对问题隐患进行精准“画像”。特别是检查方和被检查方在交换意见时，往往是讲成绩多、讲问题少，讲管理多、讲技术标准少，讲表面现象多、揭示深层次问题少，讲抽象原则多、有针对性地提出建议少，以致多次检查过后，一些单位仍难以了解和掌握自身安全生产风险状况。

检查是有责任的。要建立安全生产检查工作责任制，实行谁检查、谁签字、谁负责，做到不打折扣、不留死角、不走过场，务求见到成效。一些企业在大检查结束之后即发生事故，说明检查质量肯定存在问题，整改机制也没有真正得到落实，有必要对这样的“安全大检查活动”进行再检查。

在实践中可以考虑一旦发生事故，先组织查找最近一次或几次企业安全大检查组的反馈通报，对比其中发现的问题与事故暴露出的问题：如果检查没有发现事故隐患就应该根据实际情况追究检查者的责任；如果检查发现了相关问题企业却没有整改，就应该加重对事故单位的处罚。当然，指望通过一次安全检查发现和整改所有的事故隐患也不现实，但有意忽视检查和事故之间的关系也不可取。当前首要的任务就是尽快制定安全检查责任制，使检查质量与事故责任充分关联，坚决杜绝那种把检查等同于调研、检查组前脚离开后脚就发生事故的现象。

同时，安全检查要逐步向专业化、技术化、规范化、标准化转变，减少以往的行政式检查，逐步杜绝走马观花、蜻蜓点水似的粗放式检查。在检查开展之前，首先要通过培训全面了解所查企业的基本情况、职责分工、工艺流程等，既要把握企业的各类危险因素，又要对相关的法规、标准有较为全面的了解。这当中，最有效的安全检查工具就是安全检查表，这是为检查企业安全生产状况事先制定的问题清单，是检查人员对具体实施过程的详细策划，其质量高低会直接影响现场检查的深度和效果。企业要有适合自身状况的、独有的检查表，特别要避免内容格式化、重点不突出、年复一年结论雷同的检查现象。

当然，安全大检查的全部意义绝不只体现在发现问题的层次上。监督作为管理的延伸，要由表及里、举一反三，通过检查督促企业透过存在的隐患，在认识上找差距，在管理上找原因，在贯彻安全技术标准和责任制落实上找漏洞。大检查活动的结束并不意味着安全生产大检查任务的最终完成。有的单位检查组还没走，检查报告中列出的问题就已经整改完成了大半，虽然这种快速进行整改的态度值得肯定，但同时也说明这些单位对问题的整改并没有做到举一反三，更说明检查活动发现的问题多集中在表面，深层次、系统性的问题还没有认真挖掘。

事实上，检查组在短时间内发现的问题只是提供了一个线索，企业要做的就是根据这个线索去发现一类或共性的问题，不能检查组一走，把问题一整改就认为工作结束了。检查组的活动结束之后，对于企业来说大量的工作才刚刚开始。企业要充分利用检查发现问题，进而将问题分类汇聚形成问题库，对其中的典型问题深入分析，并在员工中进行经验分享，在企业内部广泛运用。同时，注重做好两个对照：一是对照以往安全大检查发现的问题，找出哪些是屡查屡犯、屡查不纠的问题，对这些问题一而再、再而三地出现，要多问几个“为什么”。二是对照企业基层上报的事故事件，分析有的问题在企业自查阶段没有发现的内在原因，找出是态度问题还是能力问题、是培训问题还是执行力问题，等等，从而挖掘出问题出更深层次的原因——这可能是一项比安全生产大检查活动本身更为重要的工作。

四、企业接受检查终归是一时的、局部的，要“经得起检查”，更要“经得起不检查”

不能指望安全大检查一下子解决所有问题。几乎所有发生事故的企业都经过了多轮次的外部和内部检查，但为什么在如此高频率、高强度的检查活动后，安全事故隐患一直没有排除？

一个不容忽视的原因是，当前的安全检查往往是提前下发通知，事先确定检查对象和范围，使得被检查地方和被检查企业有足够的时间做表面文章，从上到下号召动员企业员工做好迎检准备。一般来讲这几个步骤必不可少：召开启动大会，下发分组任务，系统开展检查，最后是开会总结。企业汇报材料基本上采用固定套路：第一条是领导重视，第二条是落实责任，第三条是控制风险……谈成绩和工作部署是长篇大论、理直气壮，谈问题和隐患是避重就轻、遮遮掩掩，习惯报喜藏忧，领导爱听什么汇报什么，不愿揭自己的短，不敢暴露自身的问题。这种“喜鹊先生”在基层企业尤为普遍。其后果就是护短短更短、遮丑丑更丑，把一些小问题“捂”成大问题，把一个问题“捂”成多个问题。

青岛“11 · 22”管道爆炸事故后，国家有关部委开始大力推行“四不两直”（即不发通知、不打招呼、不听汇报、不用陪同接待，直奔基层、直插现场）的安全检查方式。与以往人们熟悉的暗查暗访不同，这种突击性的检查强调的是随机性，使被检查的企业没有足够的时间来准备应对，呈现在检查组面前的往往是最原始、最直接、最真实的安全生产状态，从而从根本上杜绝了检查“走过场”。

检查活动毕竟是被动的，安全生产的责任主体还是企业自身，以前多少次安全大检查都没能解决的问题，以后更多次的大检查也不一定能有更好的效果。事实上，对于一个企业来讲，接受上级的检查终归是一时的、局部的，更多的时候企业是处在不被检查的状态之下。对企业来说，要“经得起检查”，更要“经得起不检查”，尤其要经得起“说走就走”“四不两直”的检查，随时处于迎检状态，少了“临时抱佛脚”，企业人员要在平时多下功夫，把精力和重点转到源头管理和过程控制这两个关键环节上，而不是在突击检查、集中整治和事后查处上下功夫。

此外，上级单位和有关机构组织的安全大检查不能代替企业发现问题，更不能让企业形成依赖思想——要提高安全生产管理水平还要靠企业自身。基层现场的一般性问题完全可以由企业通过自身改进机制去发现和解决，上级组织的检查就是要检查“企业自身的检查”。开展安全检查最重要的不是直奔现场排查事故隐患，而是应当先查一查企业主要负责人法定的职责有没有落实到位，企业的安全生产责任制与企业组织结构是否相适应，安全管理制度是否符合法律法规要求，操作规程是否符合行业标准规范，应急救援预案是否切合实际，等等，这些检查内容才是一个上级检查组到下属企业应首先并重点关注的内容。

除了以上内容，到一个企业进行安全检查，可以考虑围绕“三个清单”进行：一是看责任清单，把安全生产责任落实情况作为重中之重，看企业是否将一岗双责、党政同责、失职追责等要求切实落实到位。二是看风险清单，重点看企业内部的主要安全生产风险是否找准找实，并按照分类、分级、分层、分专业的原则进行风险评级，完善管控措施。三是看整改清单，重点看企业是否对以往上级发现的问题以及自身检查中暴露出的问题进行了全面整改，是否落实了整改时限、人员和经费等。

实践证明，影响检查质量、导致事故隐患不能及时排除的另一个重要原因是安全监督队伍的整体素质。虽然检查前相关人员大多经过了培训，但由于每个人的经验不同、认知不同和所处环境不同，导致检查过程中可能出现掌握尺度不同、要求标准不同的现象。一些监督人员多是基于自身的工作经验发现专业问题，随机性强，问题缺乏代表性，且大多集中于个别问题，对企业安全管理的指导性不足，并不能全面反映一个企业的整体安全管理水平。

为了保证检查人员的整体素质，安全检查的整体策划应该坚持分层、分级、分组织的原则，摒弃那种轰轰烈烈、动辄全系统全覆盖的大检查活动。一些大的集团公司，可以尝试在公司内部突出重点领域，实行分级检查：对于一些风险程度较低、基础工作扎实、多年保持良好安全业绩的单位（比例可以控制在10%左右）安排两年一次检查，两年“免查”的前提是对其进行了系统的安全风险评估；对于近两年发生一般安全生产亡人事故（死亡1人）的企业则安排一年两次检查；其他企业安排一年一次检查。这样一方面通过增加对重点单位的检查频次，保证有限的监督资源向风险较大的企业充分倾斜；另一方面可以从那些不参与当年检查的、安全管理业绩相对较好的单位多抽调检查人员，既可以保证检查质量，又可以解决目前检查员队伍水平参差不齐以及抽调人员困难的问题。

虽然各级领导一直强调安全检查要从现场问题向管理问题延伸，但实际上许多检查组并不能真正做到。原因有两个：一是向上追溯不仅需要检查组成员具有专业知识，还要求其具备管理经验，而大多数检查组成员为现场技术人员，综合素质没有能力向上延伸，尤其是有的企业专业分得很细，很难有人能够全面系统地掌握所有技术要领。二是时间上也不允许，一个问题往往涉及多个部门，在短期内现场和机关两者虽然能够兼顾，但难以实现根据问题互相拓展。要解决这一问题，还是要分层：公司总部层面的安全检查以管理专家为主，只针对基层企业机关，检查管理漏洞和系统问题。另外，组成技术专家组，重点针对企业的施工项目以及车间、小队现场，检查制度落实及现场违章情况。两个层次的检查互为补充、互相印证，总部的检查是建立在技术专家检查发现问题的基础之上，针对这些现场问题再系统梳理企业流程和制度上的缺陷。这样互相呼应，可以大大提高检查的针对性和有效性。

可以肯定的是，现有的安全监管力量还远远不能满足当前风险管控的要求。因此，安全大检查的一项重要任务就是推动直线业务部门自觉履行安全生产主体责任，通过灵活运用查阅资料、个别访谈、明察暗访等多种方式，以点带面，进行数据对比并相互验证，对发现的问题进行系统分析以及上下贯穿追溯，最后定位到企业各直线部门落实整改责任，从而建立督促干部安全履责、带动员工认真执行的系统监督机制。

一个不容回避的问题是，到底该由谁来牵头和组织安全生产大检查活动？很显然，按照“三管三必须”的原则，企业直线业务部门应该成为安全检查的主力军或者组织者，安全生产监督部门可以进行巡查指导，重点对发现的各类问题进行系统分析，由下至上进行追溯，最终定位到直线部门进行整改。遗憾的是，这样理想化的检查方式在当前还很难一步到位。

五、企业需要一种长久、规范的监管制度保障——用什么来代替当前的安全大检查

有人说，以安全大检查为标志的各种专项行动是“疾风暴雨”，只能治标不能治本，体制机制建设才是治本之策。那么，抛开当前安全生产大检查的做法行不行？还有哪些更好的监管手段能代替目前的安全大检查？换句话说，如何逐步推动安全生产从高压态势向平常态势、从注重治标向立足治本转变，使安全生产监管最终走上一条超前防范、主动出击、良性循环的道路？要处理好“持久战”与“速决战”的关系，在抓好集中治理的同时抓好基层基础工作，有效避免一阵风、走过场的行为，这需要一种长久、规范的制度做保障。

目前，许多企业都在大力推进 HSE 管理体系。HSE 是健康

(Health)、安全(Safety)、环境(Environment)的英文简称，是通过采取各种风险管控措施最终实现企业的 HSE 方针和目标的一种系统的管理方法，涵盖安全责任、技术管理、现场管理、安全投入、教育培训、监督检查、考核奖惩等方方面面。HSE 管理体系以理念引导为基础，以风险管理为核心，以持续改进为目标，是目前国际石油天然气工业通行的一种科学、系统的管理体系。在这一管理体系中，审核是体系推进的重要内容，也是实现持续改进的重要手段，如图 2–1 所示。

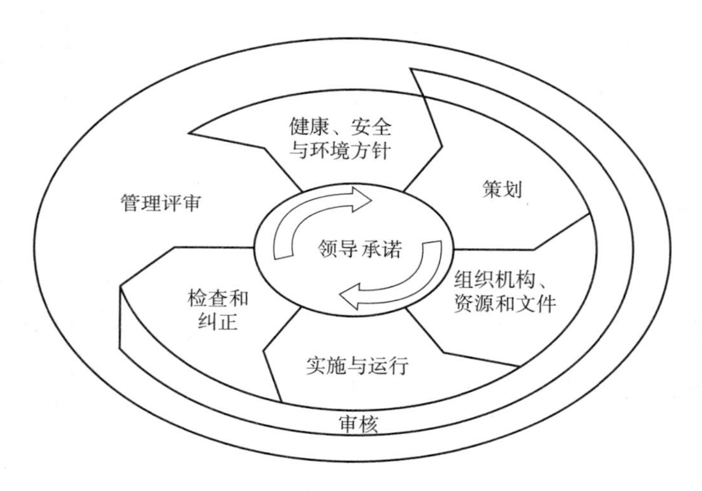

图 2–1 HSE 管理体系的要素

在 HSE 管理体系诸要素中，核心要素是领导承诺。体系管理是企业的自律行为，不是法律规定。企业要实施体系管理，最高管理者必须先向社会和员工做出承诺，一旦企业向社会、向员工承诺要建立安全体系，体系的执行就带有了强制性。在推行 HSE 管理体系过程中，有的企业领导者认为，只要签发一封公开信，开会的时候提提要求，这个要素就完成了。其实这是没有真正理解领导承诺的内涵。领导承诺是体系运行的保障，它体现了一种契约精神，其表现形式是说到做到，身体力行，主动践行体系承诺。

把要求变成流程，将流程优化再造，这是运行体系的一项基本功。HSE管理体系审核的主要目的，在于确认受审核方体系运行的符合性和有效性，重点是促使相关企业将体系管理的思想、原则和方法融入日常安全管理工作中。在审核过程中，审核人员要提前编制详细的审核大表，要与不同层面的人员进行访谈，要对相应的文件资料进行查阅，一般采取抽样的方式对涉及主营业务、风险高的基层单位进行现场观察和审核，在获取审核证据的基础上对审核中发现的问题与相关部门和单位交换意见，并与各企业高层领导进行交流，这些都与以往那种安全大检查中听汇报、查资料、看现场、做肯定、提希望、下结论的做法有很大的不同。

体系审核并不是审核体系，而是要看企业是否按照体系的要求和体系的思想运行。现场查找隐患是体系审核的一个重要手段，但体系审核不能就事论事地看问题或评价现状。审核过程强调从全局着眼，注重从管理上分析原因，从体系上查找缺陷，而安全检查是发现、整改、解决现场问题的一个重要载体，主要对作业现场潜在的危险、有害因素进行辨识，对安全设施和措施的有效性进行检查，其要点是把握检查重点和突出风险控制。

二者相比，一个注重管理系统改进，另一个注重现场问题整改，审核和检查的区别一目了然。要提高监督检查的质量，不能总是围绕一些“低老坏”问题打转转、做文章，这也是长期以来安全大检查为人诟病的原因之一，比如个别员工劳保用品佩戴不当，现场记录有缺项、不够规范，一些设备跑冒滴漏，等等，这些问题相当于企业安全生产的“皮肤病”，围绕这些问题进行整改的结果就是，各种隐患屡查屡有、屡改屡犯、屡禁不止。

隐患暴露在现场，但问题根源在上层。很多问题屡查屡有，主要原因就是治标不治本，没有解决管理流程、管理制度上存在的问题。审核不是简单地发现问题，而是要对发现的问题进行深层次的分析。审核强调用联系的观点看问题，而不是孤立地看问题，要由此及彼、由表及里地分析问题，发现隐患，对照管理要素，分析查找存在隐患的原因，找出管理上的缺陷，进一步厘清哪些是理念认识问题，哪些是制度标准问题，哪些是执行落实问题，最终正确进行定位定性，从而改进管理程序、完善管理流程，从管理、制度上杜绝隐患的再次出现。审核不是像警察一样抓违规，而是通过发现不安全状况和行为，找出共性的问题、深层次的问题，确定企业管理的薄弱环节和改进重点，通过观察与沟通，与管理人员和现场员工进行深入交流，以其能接受的方式将整改落到实处，提高受审核企业的管理水平。

实际上，审核发现的每个问题都不是孤立的，影响问题的因素是复杂的，可能存在于各个管理环节、各个管理层面。通过流程追溯，把审核中发现的“点”上的问题追溯到“线”上，把“线”上的问题追溯到“面”上，把“面”上的问题追溯到“系统”上，通过巡上察下、由下追上，相互印证，最终找到问题的症结所在。审核管理追溯流程，如图2–2所示。

在管理追溯的基础上，成熟企业可以探索实施增值审核，也可以称为安全诊断评估。这是对经营活动中风险管理和过程管理的有效性进行分析评价的一种方法，要求不仅能看到问题、提出整改意见，还要开出

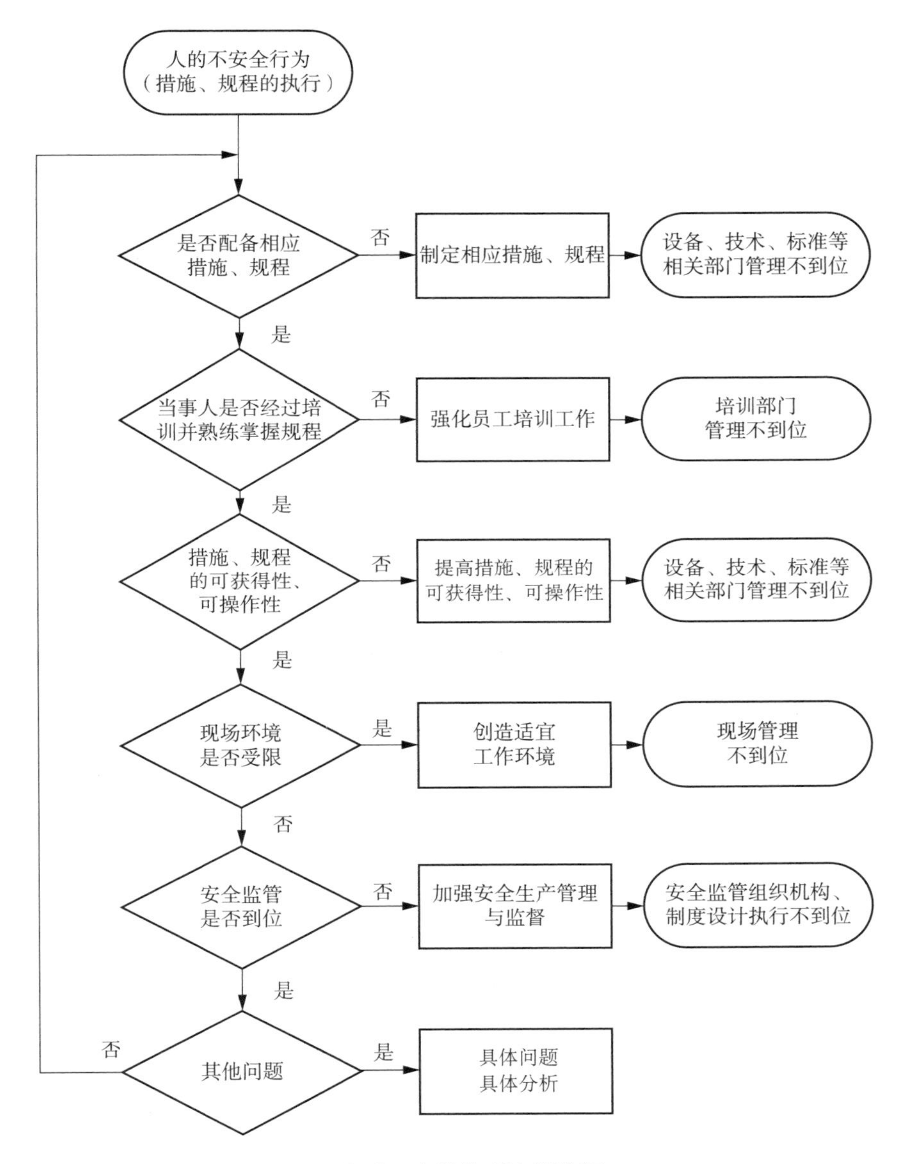

图 2–2　审核管理追溯流程

药方、提供咨询服务和指导。简单来说，就是用评价的方式开展审核的一种方法，是一种“诊断”性的检查审核方式，它已经超出了普通安全监管的范畴。这种诊断评估一般按照“一个企业一个方案、一个单位一批专家、一个现场一套表格”的原则，把检查审核提升为指导评估，始终将审核和监管矛头对准重点单位，从而有效避免由于平均用力而导致的重点单位深不下去、重点问题挖不出来的情况，促进安全监管向深层次迈进。与一般体系审核相比，这种诊断评估活动时间更长、范围更广、质量更高，可以深入剖析涉及多个部门的问题以及体制机制方面的矛盾，实现现场和机关两者兼顾，依据发现的问题向上、向下进行拓展。这种诊断评估式的监督，集过程审核、风险评估和风险控制等多种管理内涵于一体，可以有效摒弃多年以来程序化、形式化的检查活动，发现与解决企业依靠自身力量不易发现和不能解决的问题，真正给企业安全生产管理系统带来增值效应。

六、面对监管力量不足的困局，如何真正做到全方位、无死角监管

一项不完全统计数据显示，一家中型生产经营公司平均每天要安排约100项施工作业，涉及8种高危作业许可（动火作业、高处作业、受限空间作业、吊装作业、破土作业、断路作业、盲板抽堵作业和检维修作业）的危险作业占70%左右，其中存在较大风险的作业占20%左右，这种规模的作业量仅仅依靠人力监督不可能实现全覆盖。那么，如何把安全监管的网络织密织牢，实现全方位、无死角的风险管控，特别是确保对那些重点风险领域进行有效监管?

实现有效监管，仅靠安全检查肯定不行。从我国现有安全生产监管体系来看，最为突出的问题就是力量不足、网络不全、手段不强，安全生产监督部门在推进工作中常常感到无能为力：问题不能及时发现，发

现了问题也不能及时督办解决；多数监督人员没有配备必要的检查设备，少数人员的专业素质并不能完全满足岗位需求，甚至有的现场监管还停留在个人靠经验、凭感觉、看心情的阶段——企业生产经营活动中大量作业“带病”进行，现场活动缺乏有效的监管手段，甚至有些处于失控状态，安全和事故仍旧处于毫厘之间。

随着大数据、云计算和人工智能等新一代信息技术的迅猛发展，除了采取常规人工检查手段外，许多企业开始考虑应用物联网、移动互联等技术，探索运用现有的生产作业场所智能监控系统、视频监测系统、安眼工程、智慧工地、移动布控球、无人机、重大危险源监测预警系统等安全远程监控设施，有效开展各类型场所、作业活动的远程监督、视频追溯，强化对各类高危现场的风险管控和措施跟踪。比如许多地方政府部门已经开始实施移动执法平台“安全通”，目标就是采用信息化手段为安全监管提供强有力的支撑，提高安全监督工作的技术含量。

一些企业开始探索对重点安全风险源的日常操作进行全面监控。通过集成生产作业现场、危险源监控摄像头图像信息，以及集成生产物联网系统中温度、压力、流量等传感器信息，有毒有害气体检测装置、重点污染源在线监测等自动报警信息，实现安全生产数据的自动采集和监测，以及报警信息的主动推送和及时处置，实现对涉及高温高压、放射腐蚀等重点生产区、高危险区、重要设备及关键设施等图像信息的远程调用，最终实现对设备运行状况、工作环境安全等的“全方位、全天候、全因素、全过程”的实时监控；同时，针对危化品运输、放射源使用、民爆及火工用品管理，建立基于移动应用的监控系统，实现移动轨迹跟踪和异常自动报警。还有的企业探索将信息技术与现场生产系统深度结合，实时采集相应工艺参数，开展其变化趋势分析、失效关联分析等应用研究，最终实现设备故障诊断和风险预测预警。

此外，还可以尝试通过信息化手段，真正建立分级监管的安全生产防线。一些企业在公司总部层面建设应急预警监控平台，下属企业与生产指挥中心配套设立应急预警监控中心，企业二级单位设置安全生产监控岗，形成总部、企业和二级单位三级监控机制。通过对生产现场实时数据的连续采集、传输，利用系统平台在线监控，形成“三道防线”多级监控、自动预警、远程指挥、系统协防的监控管理模式，确保能及时发现各类异常情况，并做到快速处置。从总部层面加大对重要项目、重点领域以及关键要害部位、重点施工作业活动的监管力度，建立能够随时显示现场作业队伍、安全监管人员以及风险管控措施的移动监管平台，并通过移动终端做到全程追踪，实现重大危险作业网络全程监督，发现违章远程叫停，从而有效提升各层级的安全监管能力。

在此基础上，企业可探索建立企业作业安全生产风险受控预约系统，对重点风险领域的作业施工进行动态垂直监管。一些企业已经开始利用信息技术加强作业许可管理，建立完善的临时作业预约审批系统。下级单位每天提前申报第二天的施工作业项目，系统自动将作业类别、项目性质，以及作业内容、地点、起止时间、承揽单位等信息录入预约系统，企业应急预警监控平台通过视频监控系统随时查看高危作业现场受控情况，实现作业申请、审批、实施和关闭的全流程线上管控。同时，针对下级单位日常作业项目或连续重大作业，企业可采取“集中日”施工管理，从而有效减少临时及变更作业情况，严格执行审批考核，确保以有限的监管力量实现集中监管、重点监管。

当然，这种信息技术的应用不只局限于现场安全监管。事实上，应用大数据、人工智能也可以实现监测预警与精准监督。大数据分析和人工智能技术的应用，可以打破数据应用屏障，从海量的安全生产历史数据中充分挖掘历史数据价值，并对历史事故和工艺安全的大数据进行多维度分析，利用信息处理分级技术，进一步洞察事故发生规律，建立不同业务、层级风险防控分析模型和事故事件预警模型，实现风险监测动态预警；同时可以综合应用安全监管和生产动态数据，对安全生产问题隐患数据进行深度挖掘并与事故事件进行关联分析，快速判别管理短板，自动提供措施建议，实现精准施策。随着安全监督方法工具不断改进、远程监督运行模式逐渐形成，安全生产从传统监督向技术集成、从“人海战”向“数字化”转变的时代来临，信息化手段在安全生产监督领域综合应用的前景更加让人期待。

长庆油田：建立作业现场数字化监管新模式

（一）现场施工作业数字化监管全覆盖。

基于长庆油田智能化油气田蓝图，采用PC端和手机App两种实时监控模式，集成视频预览、生产场景应用、统计分析、系统管理、App应用等功能，建成了钻、试、修等承包商作业过程可视化监控系统。坚持把可视化监控作为开工验收的必要条件，3万多路视频整合接入，实现了千里油区近在眼前，作业过程实时监控，各级监管人员实时调阅和在线查看现场作业的愿景。

（二）现场监督监理数字化监督全覆盖。

工程监督建成井筒工程监督信息化平台，推行工程技术服务现场手持终端监督；工程监理应用数字化监理平台系统开展工程建设现场监督，引入“互联网+”和二维码技术，重大风险工程和关键工序监理实现了可追溯管理。安全生产监督应用、监督审核助手提升了对运行场站检维修作业现场量化监督的水平，降低了监督监理的随意性，实现了监督流程标准化、监督内容表单化、监督过程实时化。

可视化监控系统有助于动态管控队伍与资质、作业与施工、检查与验收、数据与报表等施工全过程监管，杜绝了“虚假整改”“敷衍整改”“局部整改”等应付整改现象，实现了单人对多个施工作业现场的监管，提升了监管覆盖率。风险管控实现了由“被动检查”向“主动预防”的转变。数字化条件下的“五位一体”监管模式构建了“网格化”的监管格局，有效震慑了违规行为，现场问题隐患大幅削减。

困局三

安全不是瞬间的结果，而是对系统在某一时期、某一阶段过程状态的描述。安全兴则企业强。安全生产是企业整体管理水平的集中反映，是各方面长期努力的结果，发生事故是企业管理弊病的集中暴露，但安全生产工作的推进和效果并不完全取决于安全监督部门的自身愿望与努力。

——在系统性管理困局面前安全监督部门显得心有余而力不足。

◎ 一、经济发展水平决定安全生产水平，一定阶段的重大事故高发期和易发期难以跨越

◎ 二、城市建设高速发展导致一些重大危化品企业与居民比邻而居的问题日益突出，成为闹市区最大的安全隐患

◎ 三、许多企业把安全与成本对立起来：到底是要哭着花钱还是要笑着投入

◎ 四、就安全抓安全肯定抓不好安全，事故发生往往是系统整体失效的结果

◎ 五、不同于财务、法律等业务领域，安全监管不能仅靠少数精英来实现

管理大师德鲁克说过：“不论一个人的职位有多高，如果只是一味地看重权力，那么，他就只能处于从属的地位；反之，不论一个人职位有多么低下，如果他能从整体思考并负起成果的责任，他就可以列入高级管理层。”

系统理论要求现代企业领导者必须从整体出发，而不是从某一局部出发去研究事物。任何一个安全生产问题都不是一种脱离系统的孤立存在，它与系统内部的因素存在关联或者具有因果关系，并受诸多外部环境和内部因素的制约。在分析问题和解决问题时，应该把重点放在整体效应上，要坚持站在全局角度看待问题，不能只从一个角度、一个方面去看问题。

有人认为，每起事故都是偶发的巧合，都是由单一的、独立的、个性的因素构成的看似无关的孤立事件，持这种观点的人明显没有看出这些因素之间的内在联系。美国科学家海因里希对安全事故发生过程进行了研究，发现事故往往是多种关联因素共同作用的结果，如果能采取措施，控制某一环节失误就能控制事故的发生，这就是事故链规律。“事故是企业系统管理不佳的表现形式”，就像人患了感冒，通过发烧、咳嗽、打喷嚏等形式表现出来一样。

有一句话说“解决管理问题，办法常在管理之外”。套用在安全生产上，就是“解决安全问题，办法常在安全之外”。

辩证唯物主义告诉我们，任何事物都是作为一个系统存在的，系统内部既相对独立又相互联系。回顾近年来对安全生产科学规律的认识，从宿命论、经验论到系统论，从无意识地被动承受到主动寻找对策，从事后型的“亡羊补牢”到预防型的本质安全，从单因素的就事论事到最终把安全生产看作一个系统工程，人们逐渐达成一个基本共识：作为一种多种因素影响、多门学科复合、多种技术综合应用的工作领域，安全生产是多种因素相互交织、相互作用、相互影响的结果，其最为突出的特征就是系统性和联动性。

大安全观认为，安全生产涉及方方面面，是对企业管理系统在某一时期、某一阶段过程状态的描述，也是对企业生产经营、装备技术等整体管理水平的综合反映。企业管理中无论哪个方面出了问题，结果都可能是安全问题，这也是现在流行的“大安全观”的含义。可以说，与安全生产工作相关或其涉及的领域、范围可谓无所不包、无所不容，蕴含于企业生产经营的每一个环节。这是一个基本判断，也是一个基本认知。

安全伴生于生产过程之中，没有生产活动就不存在安全隐患，也就不存在由隐患所酿成的安全事故，因此必须切实把握发展和安全的辩证统一关系。换句话说，研究安全生产问题必须要跳出常规安全管理思路，从系统的角度或者更为宏观的视角研究解决安全生产问题，这样才能抓住主要矛盾，把握正确方向。

一、经济发展水平决定安全生产水平，一定阶段的重大事故高发期和易发期难以跨越

生产安全事故是人们违背客观规律受到的惩罚，是对各项工作最公正的检查，是强迫人们接受的最真实的科学实践。现代安全经济学中有一个“三角形理论”，这个理论认为，经济是两条边，安全是底边，如果没有底边的支撑，经济发展再快也构不成稳定的三角形，说明安全生产是经济发展的基础和前提。

研究表明，一个国家或者地区发生安全事故的频率与当地经济发展的水平紧密相连。经济发展方式决定经济发展的质量和水平，决定经济发展的方向、道路、模式及前景。特别是受产业结构布局不合理的影响，一些企业集约型增长能力和集约化生产水平较低，重速度、重产能、重规模，大幅度地增投资、上项目、铺摊子，企业规模快速扩张，摊子越铺越大、战线越拉越长、环节越来越多，速度与质量的矛盾日益凸显。这种传统的、落后的、粗放的经济发展方式，是目前生产安全事故多发、影响安全发展的深层次原因之一，是生产安全事故发生的土壤和源头。

“发展是硬道理”不等同于“增长是硬道理”，以“经济建设为中心”不等同于“以经济增长速度为中心”。在生产经营业务大规模发展的同时，一些企业没有认真评估论证自身的安全生产风险管控能力，未配备配齐与生产经营业务相适应的安全生产监管力量，导致自身安全生产管控能力与公司业务快速发展不能保持同步，造成超能力、超强度、

超定员、超负荷组织生产，违规违章现象屡禁不止，增加了安全生产监管的难度。安全生产领域的矛盾问题，根源就在于经济增长质量不高，以及以往粗放型的经济增长方式，这些必须通过进一步转变经济发展方式来解决。

国务院有关部门在分析我国安全事故宏观趋势及其诱因时指出，中华人民共和国成立以来我国发生安全事故的趋势有三种：一是事故高峰出现前一般都有先期政治活动。二是事故高峰出现几乎都伴随着重大改革、机构撤并、职能转变等情况。三是事故高峰出现的时间与幅度往往与经济建设的高速发展同期同步。

以改革调整为例，在中央企业密集重组的2007—2008年，发生亡人事故占“十一五”事故总起数的43%，成为安全生产的高危期。这一时期企业重组整合，使得机构、人员不断调整变化，且涉及员工切身利益，导致人心浮动，尤其是单位主要领导的调整，从安全生产角度来看是一种重大变更，如果相关管控措施没有及时跟进，会不同程度地给企业带来潜在安全风险。

从某种程度上讲，安全生产形势也是一个行业、一个地区，甚至是一个国家生产力水平和综合能力的反映。许多发达国家在其经济高速发展时，都经历过企业事故高发的痛苦时期。从世界范围来看，人均国内生产总值和事故死亡人数之间存在着紧密的对应关系，人均国内生产总值快速增长时，事故死亡人数也会随之快速增长。

人均GDP 3000 ~ 12000美元，被称为生产安全事故易发期，走过易发期英国用了70年，美国用了60年，日本用了26年（见图3–1）。以日本为例：1948—1960年，日本处于工业化初级阶段，人均GDP年均增长15.5%，生产安全事故发生率随之激增，13年间事故死亡率增长了 146.1%；1961—1968 年，日本处于工业化中级阶段，事故高发势头有所控制，但在工业就业人口只有 6000 万人的情况下，事故死亡人数仍在每年 6000 人左右。其后，日本进入工业化高级阶段，事故死亡人数大幅下降。1985 年后，日本进入后工业化时代，事故死亡人数持续平稳下降，2002 年降至 1689 人。

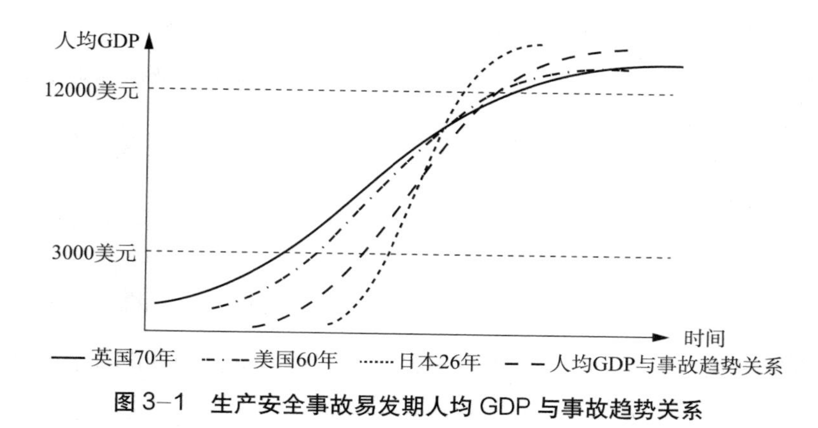

图 3–1 生产安全事故易发期人均 GDP 与事故趋势关系

从世界各国的发展轨迹来看，经济发展的转型期和社会转型期，往往也是重大事故的高发时期。20 世纪世界著名的六大安全和环境污染事故，即意大利塞维索化学污染事故、美国三里岛核电站泄漏事故、墨西哥液化气爆炸事故、印度博帕尔化工厂泄漏事故、苏联切尔诺贝利核电站事故和德国莱茵河污染事故，集中发生在 1976—1985 年这 10 年间。这 10 年正是这些国家经济发展的转型期，也是典型的事故高发期。20 世纪 80 年代则是世界石油工业的事故高发期。这个时期仅海洋事故伤亡人数就达上千人，其中英国北海阿尔法钻井平台大爆炸事故就有 165 人丧生。这时也正是世界石油工业发展的关键时期和转型时期。

历史并没有“厚此薄彼”，中国的发展也不可能逾越这样的阶段。

我国目前还处于工业化中后期，这一时期恰恰是生产安全事故高风险阶段。2013 年青岛“11 · 22”输油管道爆炸事故、2015 年天津港“8 · 12”特别重大火灾爆炸事故、2018 年张家口“11 · 28”化工厂爆炸事故，均造成严重社会影响；2015 年全国发生 38 起重特大事故，平均每 10 天一起，造成 768 人死亡或失踪；仅在 2019 年 1—5 月全国就发生各类生产安全事故 1.5 万余起，死亡 1 万余人，化工、煤矿、金属（非金属）矿山、建筑工地发生多起重特大事故。这种事故多发频发的态势与当时的经济发展方式密切相关：一些企业还没有从高速度发展转变到高质量发展上来，一些高危行业经过多年粗放式增长、低水平发展，安全风险不断聚集并加剧。当前这种粗放式发展的惯性依然较大，特别是目标导向和考核方式尚未实现从速度规模到质量效益的根本性转变，上项目、扩产能、铺摊子的发展方式在各企业仍普遍存在，这是当前安全生产工作面临的最大挑战。

安全生产风险并不随着经济发展水平提高而自然降低。只要是工作不到位，早晚要出事。安全生产，任何时候都忽视不得、麻痹不得、侥幸不得。当前我国经济总量扩张，但落后的增长方式没有根本改变，甚至有些地方和企业靠牺牲人民生命财产安全来换取局部的经济利益。持续快速发展的经济建设与相对薄弱的安全生产基础条件之间，安全生产科学管理的内在要求与企业基层基础管理水平仍然较低的现实状况之间，以及在安全科技、安全文化、劳动者素质等方面，各种矛盾不断累积而且相互交织，短期内难以改善。

因此，必须适应这一阶段的实际要求，从长期以来排查安全隐患、降低事故发生率的局限中跳出来，把安全生产工作视野拓展到政治、经济、文化、社会的各个层面，通过转变发展方式、优化经济结构、转换增长动力，把安全风险控制落实到决策、执行、检查各项工作中，在发展中更多地考虑安全因素，着力增强对安全生产工作的主动性和预见性，努力实现企业发展质量、结构、规模、速度、效益和安全相统一，在更高水平和更高层次上做到安全发展。这样的企业才能真正做到行稳致远。

二、城市建设高速发展导致一些重大危化品企业与居民比邻而居的问题日益突出，成为闹市区最大的安全隐患

近年来，城镇人口密集区的危化品企业，引发人们的持续关注。这是城市发展的必然结果——由于城市的快速发展和城市规划管理薄弱，很多化工企业建于市区或建设初期处于城市郊区，但现在已被城市包围，居民区、生产区混杂。这当中有些是在项目选址立项之初就忽视了安全生产的距离要求，造成了后期的被动局面，甚至演化为影响深远的社会问题。前几年安徽省发生的儿童血铅超标事件，其原因就是城镇建设的快速发展和企业的快速扩张，导致企业与周边居民的安全距离不符合安全规范，但是短期内又不能搬迁，从而形成了生产与事故、停产与生产、执法与违法的尖锐矛盾。

××石化厂是最突出的例子。该石化厂四周建有居民区、学校、医院、宾馆和企业。北部有工程队、制衣公司、福利厂、建设集团、建材公司等（但均已停产，仅留有若干企业看管人员）；正在拆迁中的居民区，估计现有居民约4500人。有机合成厂东侧有新村居民区，约有居民1200户。西侧和有机合成厂西南侧包围的区域内有中学（1900人）、医院（300人）、宾馆（300人）和大型居民区（厂区范围附近约

有住户 8000 人）等敏感目标，其中最近的目标与装置或罐区边界距离只有 50 米。

一方面，现在全社会都“谈化色变”，邻避效应尤为突出。坦率地说，敏感项目存在一定风险因素，随着公众对环境质量要求的提高，敏感项目成为公众表达诉求的焦点。另一方面，随着我国关于环境公益诉讼法律制度的建立，针对敏感项目的环境公益诉讼案件日益增加。这些现象往往由社会舆论引发，处理不好易引发社会不稳定风险因素，进而发展为群体性事件。自 2002 年起，我国因环境污染进行上访投诉的数量年均增长 30%，2017 年达 74 万余件。1996 年以来，环境群体性事件时有发生。

城镇人口密集区的危化品企业，不管属于哪种情况，从长远来看，除了搬迁改造就只有关闭退出。特别是落后的化工企业必须坚决淘汰，否则就是重大的安全隐患。目前政府相关部门已经出台政策，支持引导企业搬迁改造。国办发〔2017〕77 号文件明确指出，到 2025 年，城镇人口密集区现有不符合安全和卫生防护距离要求的危险化学品生产企业就地改造达标、搬迁进入规范化工园区或关闭退出，企业安全和环境风险大幅降低。其中：中小型企业和存在重大风险隐患的大型企业 2018 年年底前全部启动搬迁改造，2020 年年底前完成；其他大型企业和特大型企业 2020 年年底前全部启动搬迁改造，2025 年年底前完成。

企业搬迁改造面临的最大问题是资金问题，同时牵涉下岗职工再就业等一系列问题。这是社会发展到一定阶段必须要直面解决的问题——既是安全生产隐患所在，也是社会稳定风险所在。特别是随着企业周边环境和生产条件的改变，一些历史悠久的油库、加油站、炼厂和矿区等，在安全生产方面一旦出现问题就会成为较大的社会问题，这是城市化快速发展进程中必须优先考虑的问题，也是发展与安全的一种显性博弈。

长庆石化：破解城围炼厂困局

长庆石化公司（以下简称“公司”）地处全国大气治理重点区域之一——关中平原腹地，又是国内“城围炼厂”典型的企业之一。2015年，公司提出“示范型城市炼厂”发展战略，以求实现与城市“自然生态”和“经济生态”双融合。近年来，公司以“花园工厂，城市氧吧”为目标，不断提升厂区绿化美化品位。走进厂区，很难把这里与传统的炼化企业联系起来。厂区主要道路沿线打造了银杏大道、樱花大道、紫薇大道等局部景观带，以多种香味浓郁的特色花卉品种点缀其中，形成了春夏赏花、秋冬看叶的绿化景观布局。各生产装置之间，见缝插针、适地适树，乔灌结合、树花结合，厂区大力开展点多面广、开放灵活的微景观打造工作，增强了层次感、色彩感和观赏性，丰富了“绿色工厂”文化内涵。为更好地融入城市的发展，实现企业与城市的“软缓冲”，公司在厂区周界河堤路沿线栽种塔柏、白杨、红叶李等绿植，形成了一道除尘降噪、化解热岛效应、净化空气的绿色天然屏障；在厂外较远区域打造了“氧化塘绿地公园”“天然气管线末站”等多个绿化标准示范站点，成为公司展示绿色发展理念的窗口。社会各界的理解和认同是城市型炼厂和谐发展的关键。公司坚持开展环境数据自行监测、台账管理、定期报告和信息公开，展示企业在环保治理方面的自信；坚持开门办企业，常态化开展“公众开放日”活动，把政府官员、媒体代表、周边群众等各界人士迎进来，感受企业环保治理成效，消除公众误解，有效改善了公众对公司的印象。

还有一个必须要引起高度重视的问题，就是化工产业转移给安全生产带来的新风险。近年来，一些企业打着“新材料、新科技、新能源”的名号，掩盖了产能落后、工艺危险的实际，一些在东部地区面临淘汰的“危险弃子”成为另外一些地区急于发展的“香饽饽”。一份来自中国化学品安全协会的调研报告显示：近年来，随着东部沿海地区产业升级，来自安全、环保的压力逐渐加大，化工产业逐渐向中西部和东北地区转移，特别是江苏响水“3 · 21”特别重大爆炸事故发生后，转移进程进一步加快，2019 年以来新增转移项目达到 630 多个。在这一过程中，一些被淘汰的落后产能和存在严重安全隐患的企业“打一枪换一个地方”，转移项目自身的高风险与承接地区安全管控能力不足的矛盾愈发突出。

2022 年 3 月的《中国新闻周刊》刊登了一篇题为《危化企业加速转移背后》的文章。文章明确提出：警惕项目转移成“事故转移”。几乎在同时，国务院安全生产委员会发布了《全国危险化学品安全风险集中治理方案》，全面部署开展危险化学品产业转移项目和化工园区安全风险防控专项整治，目标就是要着力解决产业转移安全风险在一些地区加速集聚的问题，实现在安全发展中承接转移项目、在产业转移中升级改造，有效避开别人“栽过跟头”的老路。

实际上，这同样是一个统筹发展与安全，实现高质量发展和高水平安全良性互动、相得益彰的过程。

三、许多企业把安全与成本对立起来：到底是要哭着花钱还是要笑着投入

单纯从企业经济利益的角度来看，安全历来是与效率、效益背道而驰的。在一些企业领导者心目中，安全生产工作耗时、耗力、耗财。一些企业领导者虽然天天喊着“安全第一”，但面对具体问题时很难在行动上一以贯之。也有企业领导者认为，安全生产工作只是发发文件、开开会议、搞搞检查，再有就是查查事故，喊一喊、跑一跑就可以了，没有太多的“政策含量”“技术含量”和“政绩含量”，对安全发展思路缺少系统规划和研究，在安全生产的人、财、物投入方面也很少给予相应且必要的考虑与保障。

投入确实是个极为现实的问题。对企业来说，许多安全生产问题最终都败于一个“钱”字。安全生产投入产生的效益与其他有形产品不同，既不能即刻显现，又很难定量计算，投入多而不能在短期内取得直接经济效益，这种时效长、见效慢的投入，很容易引起各级领导思想上的抵触。有的企业在安排新建、扩建、改建项目时，往往由于先期投入不足或出于节省资金的考虑，任性削减项目中配套的安全生产设施，安全生产投入成为可长可短的“橡皮筋”，特别是在目前市场竞争日益加剧的情况下，企业领导者绞尽脑汁考虑如何提高效益，在降低成本的过程中往往会首先减少安全方面的资金投入。事实证明，每一起生产安全事故背后，都有一个企图在安全生产上偷工减料以节约成本的“短视”企业。

安全是最好的节约，事故是最大的浪费。新修订的《中华人民共和国安全生产法》规定，发生事故单位最高罚款可达 2000 万元，对于

拒不执行改正指令且受到罚款处罚的生产经营单位，还新增了“按日计罚”措施，这些措施就是要让企业各级领导明白：最节约成本的方式就是安全生产，一旦发生重大安全事故，造成的损失根本无法简单地用财产数据来估算。除了能看到的人员伤害和经济损失外，看不到的间接损失更大，一般来说事故造成的间接损失是直接损失的 3 ～ 5 倍；同时，事故对公司声誉和公共形象会造成很大影响，可能对企业资本市场产生深远影响，这种影响往往更加难以衡量。

事实上，企业安全成本永远小于事故成本，往往安全成本投入 1 分，经济效益就能收入 10 分，这是一种潜在的、长远的效益。有“经营之神”美誉的台塑集团创始人王永庆说：“一根火柴不够一毛钱，一栋房子价值数百万元，但一根火柴可以烧毁一栋房子。”一个好的管理者，要会算经济账、社会账、政治账、生命账与家庭账，要把花在安全生产上的钱，即把避免事故损失的投入看作一种投资，而不是一项开支。

搞安全不是为了赢利，搞安全是为了减少损失。低成本战略是一个要条件的东西。一些企业领导者一说到降低成本，就是不管今年是多少，明年必须再降低 10%。机械地凭主观意愿下达指标，把降成本的压力转移到安全生产上，搞简易投产、冒险作业，在安全与效益的矛盾冲突中直接放弃安全，心存侥幸，大胆激进，埋下了安全事故隐患。

传统安全监管工作的着眼点主要放在生产运行阶段。实际上，早在新项目立项或生产经营任务的规划论证阶段，就应该从“人、机、料、法、环”等方面去评估企业的安全承受能力和风险控制能力，再根据评估结果确定生产规模，而不能先确定生产规模，再着手研究安全保障，二者的顺序不能颠倒。安全经济观认为，在安全生产方面，1 元事前预防等于 5 元事后投资。在生产实践中，还有一个关于安全效益的“金字塔法则”：设计时考虑1分的安全性，相当于加工和制造时的10分安全性效果，而能达到运行或投产时的1000分安全性效果。由此可以看出，通过事先的安全投资，把事故危害消灭在萌发之前，是最经济、最可行的生产建设之路，这种超前预防成效大大优于事后整改效果。

作为一个企业系统，追求的不能是单一目标，而应是系统优化。在企业内部，各部门习惯站在各自的立场抓各自认为的主要矛盾，生产部门肯定会主要围绕产量做文章，经营部门主要围绕利润精打细算，结果往往是忽略了安全生产的间接效益，导致每次成本控制首先调整的就是安全投入。许多单位已经陷入一种恶性循环：先是走低成本道路压缩安全投资，形成一系列的安全欠账，最终堆积形成安全隐患后，再投巨资进行隐患治理。

四川宜宾“7·12”事故造成19人死亡、12人受伤。其调查报告指出，事故公司不具备安全生产条件，安全设施不到位，未按照《危险化学品建设项目安全监督管理办法》（国家安全生产监督管理总局令第45号）的要求取得安全设施“三同时”手续，安全投入严重不足，无自动化控制系统、安全仪表系统、可燃和有毒气体泄漏报警系统等安全设施，生产设备、管道仅有现场压力表及双金属温度计，工艺控制参数主要依靠人工识别，生产操作仅靠人工操作，生产车间现场操作人员较多且在生产现场交接班，加大了安全风险；特种设备管理不到位，未对特种设备进行检测和使用登记；消防设施不到位，车间内无消火栓、灭火器材、消防标识等消防设施，且防雷设施未经具备相关资质的专业部门检测验收。该公司未批先建、违法建设、非法生产，未严格落实企业安全生产主体责任，是事故发生的主要原因，对事故的发生负主要责任。

河北张家口“11 · 28”事故发生的一个重要原因，也是事故公司安全投入不足。该公司违反《中华人民共和国安全生产法》第十八条的规定，安全专项资金不能保证专款专用，检修需用的材料不能及时到位，腐蚀、渗漏的装置不能及时维修；安全防护装置、检测仪器、联锁装置等购置和维护资金得不到保障。此外，江苏响水“3 · 21”事故、山东临沂“6 · 5”事故、山东济南“4 · 15”事故、河南三门峡“7 · 19”事故等，均暴露出企业主要负责人缺乏对生命和安全的敬畏，法律意识、风险意识淡薄，心存侥幸，重效益、轻安全，安全生产主体责任悬空，在人才、设备、管理上投入不足的问题，最终酿成灾祸，害人害己、“一失万无”。

安全生产问题仅靠投入肯定不能完全解决，但没有投入肯定会出问题。已有相关专家指出，必须研究改变目前存在的安全生产投资渠道单一、资金投入不足的问题，努力拓宽资金渠道，增加安全投入，构建财政、企业、社会多方共同支撑的安全发展投入保障体系。

安全隐患的整改是一个动态的过程，旧的隐患整改完成后又会产生新的隐患。那么，风险是不是越低越好？当然，但前提是要有足够的投入。降低风险需要采取措施，措施的实施需要付出代价，当前企业要做的不是消除所有的安全风险，而是将风险限制在一个可接受的水平。因此，不用担心企业安全生产投入会无限增加和扩张，这种安全和风险的博弈最终将以风险可控和在控为前提。

四、就安全抓安全肯定抓不好安全，事故发生往往是系统整体失效的结果

安全生产工作是一项庞大的系统工程，先进的理念、科学的技术、完善的措施、严格的管理、过硬的队伍是这个系统上紧密相连的各个环节。安全事故也从来不是一个孤立的事件，它通常是企业发展中诸多矛盾、问题的集中暴露。

2011 年 1 月，美国墨西哥湾漏油事件调查委员会公布了最终报告，系统总结了这次美国历史上最大漏油事故的经验教训。美国政府报告的主要观点是，事故系人为错误、工程失误和管理失效共同作用的结果，认为本次事故是完全可以预见和避免的，部分工作人员的错误决策以及 BP、哈里伯顿和越洋钻探的疏忽是造成井喷的深层次原因，这些错误以及管理不善不是某一家公司表现失常的结果，而是三家公司共同的失误和不尽完善的安全体系所造成的。

从定义上说，安全生产并不是一个范围明确、边界清晰、相对独立的专门化工作，任何一个领域、行业、地方、单位和个人的任何活动，实际上都包含安全要素。可以说，安全生产伴随生产经营活动的开展，存在于生产运行的全过程、各环节，每一个领域都至关重要，每一道工序都可能出问题。被忽视的地方往往是存在隐患的地方，想不到的地方往往就是出现事故的地方。2013 年吉林省的“6 · 3”特别重大火灾事故造成 121 人遇难、76 人受伤，谁能想到一个以加工饲料和屠宰加工肉食鸡为主营业务的企业会发生这么严重的安全事故，会在一次事故中造成这样大的损失。正如原国家安全生产监督管理总局的一位领导

所说，安全生产问题没大没小，没好没坏，没早没晚，没轻没重，没新没旧。

人们对安全生产工作的认知与判断可能会受到多种因素的影响，但有一点是肯定的：就安全抓安全肯定抓不好安全，单因素地就事论事也肯定不是抓安全生产的科学态度。一个事故的酿成，其原因是复杂的，且这些原因不是孤立的，而是广泛联系、相互作用的。因此在分析生产安全事故时，一定要坚持用全面的、发展的、联系的观点看问题，全面地考虑规划、设计、施工、生产、制造等各个阶段可能出现的安全问题，必须将其置于系统全局理念之下来加以看待认识。

从科学的角度来看，安全生产本身就是人、物、环境相互影响的“合成体”。一个完整的安全生产工作过程，大体包括源头把关、准入管理、过程控制、应急救援、事故调查、责任追究等环节，各环节之间相互关联、相互衔接，充分体现了安全生产的整体性和系统性，也决定了安全管理工作的极端复杂性、联动性以及事故原因的多重性。

有人对近年来的多起事故进行分析，发现其表面来看是安全事故，本质上却是工艺、设备、采购、检修等各个环节在管理方面出现了疏漏。项目建设过程中任何一个环节把关不严格，生产过程中任何一点波动处置不及时，物资采购过程中任何一个零件质量不过关，人员选拔过程中任何一个人员能岗不匹配，都可能造成安全问题，甚至引发事故。因此，安全生产工作的推进速度、力度、广度和深度及可能产生的效果并不由安全监督部门来决定，必须坚持整体考虑、系统布局，全员、全方位、全过程地抓制度和措施落实。特别是各专业部门都要从生产系统的全局出发，全面地考虑规划、设计、施工、生产、制造等各个阶段可能出现的安全问题，只有每个环节都发生作用，才能保证整个系统的安全运作，才能从根本上杜绝安全生产工作出现断层、脱节、失控等现象，才能真正打牢企业安全生产的基石。

河南省一气化厂2019年“7·19”重大爆炸事故，就是空气分离装置发生泄漏后未及时消除隐患、持续带病运行引发的。该气化厂净化分厂2019年6月26日就已发现C套空气分离装置冷箱保温层内氧含量上升，经判断存在少量氧泄漏，但未引起足够重视，认为监护运行即可；7月12日冷箱外表面出现裂缝，泄漏量增加，由于备用空分系统设备不完好等原因，企业仍坚持让C套装置“带病”生产，未及时采取停产检修措施，直至7月19日发生爆炸事故。该气化厂曾是安全生产先进企业，但由于全要素安全管理存在漏洞，设备、生产等专业安全意识、风险意识淡薄，导致设备等方面专业管理水平滑坡，成为引发事故的重要原因。化工生产工艺复杂、条件苛刻，物料大多易燃易爆、有毒有害，加之高温、高压、低温等操作条件均对设备状况提出严格的要求，日常生产中工艺水平波动、违规操作、使用不当、维护维修不到位等均可造成设备失效，进而引发物料泄漏导致事故发生。

河北张家口“11·28”事故中事故公司也是违反了相关规程规定，聚氯乙烯车间的1#氯乙烯气柜长期未按规定进行检修，事发前氯乙烯气柜卡顿、倾斜，开始泄漏，压缩机入口压力降低，操作人员没有及时发现气柜卡顿，仍然按照常规操作方式调大压缩机回流。由于进入气柜的气量增加，加之调大过快，氯乙烯冲破环形水封造成泄漏，向厂区外扩散，遇火源发生爆燃，造成24人死亡的严重后果。

事故的发生是一个复杂的过程，涉及多个方面。应该说是某一个偶发因素触发了系统性的缺陷，而这种系统性的缺陷才是引发事故的内在主因。比如，有些事故与干部渎职、失职，不作为、乱作为甚至违法、违纪等行为密切相关，特别是在工艺技术引进、产品采购、承包商引入等方面表现得更为突出，因为产品质量引发的安全事故更是不在少数。这些潜在因素对安全生产的影响更为隐蔽。

安全管理的特征之一就是动态性，它与生产实践紧密相连，企业生产变化、人员变化、设备更新改造，以及操作者所接触的操作环境和生产条件的变化，都要求安全生产工作审时度势予以适应；同时，安全同生产过程中的许多环节和条件密切联系并受其制约，不能孤立地从个别环节或在某一局部范围内分析和研究安全保障。“点”上出现问题，必须要从系统中找原因，这就是所谓的“点上报警，系统响应”。

在面对事故时，企业管理者习惯从现场一线员工身上找原因，习惯就事论事，最终将事故原因简单归结为设备设施故障或人员失误了事。在事故预防方面，基本上是采用“一事一治”的处置方式以及“打补丁式”的防范措施——这种着眼于单一的、偶发因素的做法恰恰是最简单也最容易做到的，与系统性观念完全背道而驰。在事故调查中只是查出了一个因素，但没有找出各因素间的内在联系，就难以找出造成事故的根本原因，而找不出根本原因，也就无法制定出针对性的防范措施。

安全系统工程理论特别强调管理，认为管理缺陷才是根本性的事故隐患。只要各层级、各专业的安全管理到位了，人的不安全行为就可以克服，物的不安全状态就可以消除，环境的不安全因素也可以改变。近年来发生的多起生产安全事故，几乎都是系统性失误的结果，这种管理缺陷才是所有生产安全事故背后的普遍原因。

五、不同于财务、法律等业务领域，安全监管不能仅靠少数精英来实现

帕累托定律又称80/20法则，其原理是在投入与产出、努力与收获、原因与结果之间存在着一种不平衡的关系，往往是关键的少数因素决定事件的发展态势——控制关键的少数因素可以取得事半功倍的管理效能，但对于安全生产来说，控制关键少数因素是否就能控制大多数风险?

抓好安全生产最重要的是两个方面：全员参与和全过程控制。安全生产是一种大众文化、一项群众性工作，实现及保持安全生产的前提是众多主体共同努力与配合，需要群策群力，也就是必须全员参与。“全员”是安全管理的重要理念，安全是属于“全员”的。美国杜邦公司一直强调一个理念：安全帽必须戴到每一个人的头上。也就是说，每一名员工都有可能成为企业安全生产的潜在破坏者。这种破坏大多是无意的，但也有相对极端的例子：某企业班组员工因为对基层领导不满，故意破坏生产设施造成安全事故。这一事例再次说明：只有每一位员工的每一个动作都安全，才是全员的安全；只有全员的安全，才是真正的安全。

综观近年来国内发生的一系列生产安全事故，客观因素少，绝大部分是人为因素造成的。有的是应知不知、应会不会，反映出员工业务素质问题；有的是知道了，也会了，就是不按标准操作，反映出员工思想认识问题；还有的是平时说起来一套，遇事手忙脚乱，组织协调不力，反映出员工的应急处置能力问题。尤其是近年来越来越多的新项目建设

投产，新装备、新工艺、新材料的广泛应用对员工安全素养的要求越来越高，再加上大批新工人相继独立上岗作业，也进一步加大了安全防范的难度。因此，要解决当前安全生产问题，必须激发出每一个生产者对安全生产工作的责任感和自觉参与的积极性，充分发动基层群众，一级抓一级，形成群策群力、群防群治的工作局面。

一个人很难做到没有缺失，然而作为一个团队，就可以避免疏漏和缺失。这就需要人与人之间、岗位与岗位之间、上下工序之间各个交叉点进一步强化统筹协调和沟通配合。反之，如果仅靠几个领导或者少数员工"单兵作战"，而没有广泛的群众基础，事故就会防不胜防。重大生产安全事故发生之后，最终的调查结论多数将事故责任归结为现场操作员的失误或处置不当。这是最容易得出的结论，也是大家最容易接受的结果。

然而，把事故原因完全归结为某一个人、某一个行为、某一个失误等偶发性因素，显然是不科学的，也是不准确的。看似无关的孤立事件，会让许多人认为每起事故都是一个偶发的巧合。针对这一问题制定的整改措施大多就是加强培训，这在近年来许多重大事故的调查报告中都能得到体现。

江苏响水"3 · 21"特别重大爆炸事故调查报告指出：推动危险化学品重点市建设化工职业院校，加强专业人才培养。新招从业人员必须具有高中以上学历或具有化工职业技能教育背景，经培训合格后方能上岗。四川宜宾"7 · 12"重大爆炸着火事故调查报告要求：进一步提升化工行业从业人员专业素质。严格化工行业从业人员准入标准，加强安全生产培训教育，提高从业人员素质。要紧紧抓住"关键少数"这个环节，继续加大对化工、危险化学品生产企业主要负责人安全生产管理知识培训和考核力度；全省化工企业涉及危险化学品“两重点一重大”装置的专业管理人员必须具有大专以上学历，操作人员必须达到高中以上文化程度，确保从业人员具有较高的基本素质。要进一步加强化工企业特种作业人员的安全知识和技能培训，相关人员必须全面了解作业场所、工作岗位存在的安全风险，掌握相应的防范措施、应急处置措施和安全操作规程，切实增强安全操作技能。

河北张家口“11 · 28”氯乙烯泄漏重大爆燃事故调查报告中指出：强化安全教育培训，提升各类人员安全管理素质。一是加强企业主要负责人和安全生产管理人员的教育培训工作，加大培训、考核力度，提升安全管理能力水平，对新发证、延期换证企业主要负责人根据《化工（危险化学品）企业主要负责人安全生产管理知识重点考核内容》进行考核，对考核不合格的不予安全许可。二是企业加强员工安全教育和培训工作，强化员工安全生产意识，提升员工专业技术水平，杜绝“三违”行为，各级安全监管部门在行政许可现场审核、执法检查过程中，要抽取一线员工进行安全生产知识复核。三是突出抓好培训教材的规范化、培训教师的专业化、培训对象的全员化、培训时间的经常化、培训方式的多样化、培训效果的奖惩化六个方面的工作。

从整体来看，这样的整改措施有些程序化，放之四海而皆准，但目前形势下也只能暂时提出类似的整改要求。实际上事故发生之前各企业在安全生产方面的培训每年都有，甚至相比其他业务培训范围更广、种类更多，却终究没有成为遏制事故的“牢笼”。当然，培训的效果不能完全否定，但希望通过常规安全培训大幅改善和提升安全业绩的想法也明显不够现实。

安全生产工作有一项著名的“四全”原则：全员、全过程、全天候、全方位。其中包括人员的100%、时间的100%、空间的100%以及过程的100%，也是安全监管工作横向到底、纵向到边的另外一种诠释。这里的“全员”和“全天候”容易理解，而“全过程”“全方位”就是在强调要大力推进生产经营全过程受控管理，确保生产过程中人的行为、物的状态和生产环境等因素都处于稳定受控状态。这种稳定受控状态从过程方面来看，要实现生产准备、组织、运行以及储运、物料、岗位操作等各环节的全流程受控；从管理方面来看，要实现方案设计、计划制订、过程监控及事后总结等各环节的闭路循环，从而把过程控制落实到每个环节、每台设备和每个岗位。这种生产经营全过程受控是安全生产的基础和保障。

事实上，目前许多企业的专业部门还没有着手制定系统的、全过程的安全生产保障措施。以工艺和设备的安全管理为例，这样一个技术性很强、在控制安全风险方面十分重要的领域，在许多企业却被分散在多个不同部门，使日常安全风险管理难以统筹考虑，一旦出现安全问题也难以及时解决，成为许多事故背后的潜在因素。

特别是各专业管理与安全生产还没有真正做到深度融合。在生产组织、项目建设等各项实际工作中，没有做到首先明确安全责任、落实安全措施，分专业主动查找识别并有效治理生产过程中固有的或潜在的安全风险和因素，更没有充分发挥规划计划、生产组织、科技信息、物资采购等各个专业的安全保障作用，未形成安全生产工作的整体合力。这在一些重大事故中体现得尤为明显。

"7 · 12"四川宜宾爆炸着火事故造成19人死亡，事后分析，事故企业从设计到生产的各个环节都存在违规问题：一是违法违规建设，逃避政府监管；二是选址和工厂平面布局严重违规；三是项目设计水平低，从建成之日起就已经构成重大隐患；四是工艺来源不明；五是评价报告与现场实际情况严重不符；六是边施工边生产；七是安全管理混乱，安全管理制度严重缺失，成品、材料没有任何标识且随意堆放；八是人员资质违反要求。

当前，我国各类事故隐患和安全风险交织叠加、易发多发，影响企业安全的因素日益增多。越来越多的企业领导已经认识到，如果没有系统和整体的安全作为保障，突发性灾难不可避免。因此，必须将安全生产寓于生产、管理和科技进步之中，包含在项目技术筛选、工程核算、初步设计、设备筛选以及制造监督、施工安装、验收、试运行、正式移交的全过程中。企业要通过不断破解那些与生产实践紧密相连的系统问题，着力解决影响和制约安全生产的各种深层次问题，透过现象抓住本质，将安全生产问题从现场向外做时间和空间上的大力延伸，最终实现对安全问题的深度把握和对安全本质问题的系统思考。这种无限的关联性，也在一定程度上大大增加了解决安全生产问题的复杂性。

困局四

安全管理，就是指在一个肯定有风险的环境里把风险降至最低的管理过程。从危机管理到隐患管理，再到风险管理，安全生产管理一步步关口前移。风险管理的特殊性就在于与其他企业管理内容有许多交叉。

——以风险管控为核心的安全监管能否真正融入企业的日常操作规程？

◎　一、安全风险管理必须融入企业经营管理的全过程，不能独立存在、孤立运行

◎　二、风险不是上级规定的，不是一成不变的，基层员工才是发现和管控安全风险的主体

◎　三、从来没有绝对的安全，人们总是在追求“绝对安全”的努力下收获着“相对安全”的结果

◎　四、有限的安全监管资源不能平均用力，强化精准监管的前提是分层分级差异化

◎　五、风险控制不能是常规的管理改善，应急预案要从“观赏型”回归到“实用型”

一位有着多年实践经验的安全监管人员一度产生这样的困惑：如果没有了事故，我们还能管什么？从本质上说，安全生产管理的对象不是事故，而是风险。安全管理就是不断循环往复地辨识风险、评价风险与控制风险的过程。风险是客观存在的，不以人的意志为转移。风险管理的本质就是“安而不忘危，治而不忘乱”。无数事实说明，对风险茫然无知、没有预防和控制风险能力的“安全”是盲目的、虚假的安全。

对于一个企业成熟与否，风险管理与内部控制体系是否建立健全是重要的评判标准。评价一个单位的安全生产状况时，不出事故不能代表安全工作就抓好了，更重要的指标是要看企业安全生产风险整体上是否处于可控和在控的状态。风险管控的核心是形成安全预控机制，体现的是预见性和前瞻性。与以往相比，这种以事件分析、危害辨识、隐患控制为主要标志的风险驱动型管理比事故驱动型管理有很大进步，其最终目标是变消防式的、运动式的、亡羊补牢式的消极被动型的安全管理为规范、常态，更加积极主动的安全管理。

许多事都是有始有终的，唯独安全生产只有开始，永无终结——只要有生产经营活动就会有安全风险。结果安全并不代表状态安全，没出事故不等于没有事故，总体平稳不等于没有隐患，看不到问题不等于没有问题。有风险就有隐患，就有可能发生事故。越早着手，安全生产问题就越容易解决，而且成本越低。未雨绸缪远胜于亡羊补牢。

很多人都读过美国作家米歇尔·渥克的《灰犀牛》，其核心观点就是相对于“黑天鹅事件”的难以预见性和偶发性，“灰犀牛事件”一般前期都有大量预警信息，但人们往往视而不见，静待事故发生。书中得出的结论是：事故的到来很少有出其不意的，事前总会有各种信息可让人识别并做好防范。所有灾难的发生，都不是因为发生之前的征兆过于隐蔽，而是因为我们的疏忽大意和应对不力——那些灾难我们本来是有能力、有时间、有机会阻止的。书中提出了一个尖锐的问题：为什么我们已经看到犀牛群冲过来却仍然不能躲避？

有时候，安全隐患就像“皇帝的新衣”，大家都觉得有危险，却都不愿意说出来，甚至有的人学鸵鸟将头埋在沙子里，装作看不见危险，自己欺骗自己，以为这样就可以逃避危险。这种掩耳盗铃、视而不见恰恰是当前许多生产安全事故发生的最大症结。

响水事故，是安全生产领域典型的“灰犀牛”事件：该事故的发生与所在地方常年养成的“捂盖子”做法紧密相关，这次骇人听闻的爆炸事故绝非没有先兆，人们只是眼睁睁地看着“灰犀牛”狂奔而来。当地将发展之路与重化工业捆绑，此次发生事故的企业曾是该县的重点扶持企业，是重点要打造的纳税过千万元骨干企业。然而企业在改进安全生产工作上不认真、不扎实，走形式、走过场，最终酿成惨烈事故。明明

“出事”早有预兆，却一路“整改”，一路“绿灯”。“带病”生产，如击鼓传花，直到事故发生的这一天戛然而止。安全生产是底线，腰带上绑着炸弹的产业，带来的不是真正的财富而是灾难。长达十几年的安全生产风险，终于在某一天爆发，幻化成了一朵“蘑菇云”。

许多企业的安全监管重点在事后，一般是事故发生了，调查事故发生的原因，根据调查暴露出来的问题采取补救措施。实际上管理是一种事前进行风险分析，确定其自身活动可能发生的危害和后果，从而有针对性地采取防范手段和控制措施的有效方式。许多企业领导者对身边的安全隐患、风险不重视、不敏感，无知无畏、无动于衷，直到上级批示了、政府通报了、媒体曝光了，才痛心疾首。事实上，造成许多企业安全生产监管被动局面的一个主要原因就是没有真正以风险防控为核心，没有把其放在最前面，没有使其成为贯穿全部工作的主线。实践证明，安全管理要上去，工作重心要下移，管控关口要前移，必须由注重抓结果、抓追究、抓事后处理向注重抓源头、抓过程、抓事前问责延伸，把工作重心由过去偏重处置“已经发生的问题”转变为重在监控好“可能出现的风险”，变“事后处理”为“事先控制”，真正做到预防为主，防患于未然。

这显然是一种更为现代、更为主动的安全监管方式。

一、安全风险管理必须融入企业经营管理的全过程，不能独立存在、孤立运行

“两张皮”原本是山西的一种小吃，两层面皮中间夹肉、香肠等，

有点像肉夹馍。其引申义是相互之间原本存在必然联系或依附关系的两种事物发生游离而单独存在。现在，这一概念经常被用于形容企业安全生产与日常经营的关系。

企业生产运行过程中，安全风险管控要发挥作用，就必须覆盖渗透各项作业和操作的全过程。实际上，在许多基层单位还没有把安全风险管理作为开展一切工作的前提，没有把风险管控措施落实到生产经营的各个环节，导致许多企业的安全风险控制始终游离于企业操作规程、运行手册等日常管理之外，突出表现就是在正规的生产作业流程之外，有的企业还会建立一套完整的安全生产操作规程。于是，关于安全生产的制度种类越来越多，本子越来越厚，而且各成体系，孤立运行。

此外，由于一些安全操作规程编写得太笼统，步骤程序不明确，与实际脱节，不具有可操作性还要硬性推行，这就很容易引起基层员工的反感甚至抵制。特别是许多安全风险评估、安全风险交底活动，很少有真正懂工艺、懂流程的作业现场员工参与，大多由安全生产监督部门来组织编写，甚至有的企业片面强调文件程序的符合性，设立专人负责编制安全生产文件，专门制定安全生产作业指导书、安全生产作业计划书等，与原有的操作规程并驾齐驱，使作业现场员工无所适从。由于作业指导书、计划书制定时缺乏科学的论证，执行过程中又缺乏跟踪监督和考核，执行后缺乏全面评估，同时一些安全操作规程涉及多个部门，对应接口关系不清晰、流向不顺畅，导致制度与执行“两张皮”。这是许多企业安全风险管控逐渐与基层现场“脱钩”的一个主要原因。

更大的问题是，不少已成文的安全生产规程并没有转化为详尽的作业说明，没有形成人人都能够遵守的行动指南，有的相关操作程序只是描述了要做什么，但没有解释原因以及违章操作可能造成的危害，基层作业人员的安全风险意识、成熟的经验做法并没有有效融入具体的操作步骤当中。现场员工多是一手抓操作、一手抓安全，人为割裂了双方的内在联系，在事实上更是凸显了“两张皮”的窘迫，这也造成安全生产措施难以在基层真正落地。

由于许多作业环节管理程序的标准化、规范化程度不高，员工往往依照领导或当事人的意愿行事，导致不同水平和不同经验的人操作会出现不同的结果。当领导或当事人变更后，后继者便无所适从，这种管理上的随意性为后期事故发生埋下很大隐患。安全风险管理要与企业经营管理深度融合，首先要切实提高安全生产制度的可操作性，制定的制度要简单具体、细化量化，文字要通俗易懂，操作起来简便易行，尽可能做到以表格的形式分门别类填写，让每一个员工都能看懂、会使用，着力解决那种安全制度定性多、定量少，原则性强、可操作性差的问题，最终要可监督、可检查、可追究，促进各项安全生产制度从“纸面”到“地面”全面落地。

特别应引起注意的是，企业安全风险控制必须紧跟生产技术和作业现场的变化，紧盯经营管理活动中风险最容易聚集的重大项目、重点领域和关键环节，探索适合本企业特点的风险量化分析和风险监测预警的技术手段和实现方式，有效避免危害因素看不到、风险等级说不清、重大风险管不住的问题。在这方面，国家相关部委一直大力推广的安全标准化，就是以强化风险控制为出发点，系统梳理制度、标准和工作流程，逐步建立科学的安全标准和制度体系，通过抓标准控流程、抓亮点出精品，确保安全工作流程全部体现在工艺操作标准中，推动安全风险管控与现场作业活动的水乳交融。

企业安全生产状况是多种因素相互作用的结果，风险管控也注定是一个多方位、多因素的动态且复杂多变的系统工程。事实上，企业的管理、生产、培训等各个方面都对安全生产风险管控有着重大影响。以人员管理为例，有的企业在组织员工进行风险分析评价时，虽然辨识出某个工作步骤的潜在危害，但没有综合考虑事故发生的概率、员工的胜任程度、现有的控制措施、法律法规要求以及人员伤亡、财产损失和产生的影响等因素，导致风险评价不全面、不准确，与实际情况存在较大差距。

此外，岗位人员变更的安全风险也没有引起足够重视。实际上，以往发生的多起事故都与人员变更管理不到位有关。许多单位并没有建立完整的人员变更的相关标准和程序，更没有按风险大小来定义关键性岗位的安全考核标准及安全培训要求。换句话说，就是根本没有把人员变更作为安全风险来认识和管控。在许多企业，常常是凭人际关系或是其他原因进行人员调动和岗位调整，在这个过程中有组织考核、个别访谈，甚至还有信任投票等环节，但很少有人对能岗匹配程度进行研究，很少有人对人员变动后可能造成的安全危险因素进行深入分析，也没有组织在人员上岗或变更后进行跟踪评估。这样就容易因为人的变更、人的失误而造成操作事故。由此，人员变更管理与安全风险管控有效衔接联动，已经成为当务之急。有专家建议，企业内部对于高危领域、重要岗位的人员调动，应该建立安全管理胜任性考察和评估制度，并执行更为严格的批准审核制度，以及相配套的安全风险培训要求和技能考核标准。

另外，在企业对外扩张发展时，安全风险管控必须要保持同步。近年来，一些企业业务快速扩张，从国内到国外、从陆上到海上、从常规到非常规，体制机制不断变化，产业链不断延伸，管理队伍力量在摊薄，管理理念在稀释，发展速度与管控能力矛盾日益突出，面临不少可以预见和难以预见的管理风险。特别是在经济全球化的今天，国际、国内企业收并购行为大量存在，新成立、新重组或收并购企业的安全风险日益凸显。

世界一流企业往往都有健全的内部控制体系，建有比较完善的风险预警指标系统，形成了统一的风险管理文化，从战略决策层面到具体业务层面都严格执行风险管理流程，并与日常经营管理融为一体。超大型跨国公司之所以强大，最重要的软实力之一就是普遍具有整合管理能力。在安全生产方面，外国大型公司都有被广泛认同的安全理念和安全行为准则，同时具备一系列安全管理标准和技术标准，内容涉及企业事故管理、危机管理、风险管理等多个方面。对于新成立、新重组或收并购企业，基本上能在 2 ～ 3 年内将其打造成符合自身标准要求的企业。

对于许多国内企业而言，集团总部管理控制多以红头文件或直接行政命令的方式，企业整合管理能力明显不足，往往会给集团整体安全管理带来巨大的潜在风险。因此，企业要在业务拓展的同时注重提升安全风险管控能力，彻底改变那种低素质高速度发展、低水平重复性建设、低效率高负荷运转的状况，实现发展速度与质量效益相统一、规模实力与管控能力相一致，这些对正处于扩张期的许多大型企业来说尤为重要。

二、风险不是上级规定的，不是一成不变的，基层员工才是发现和管控安全风险的主体

不同的人面对同样的风险会有不同的态度或不同的应对措施，不同

员工对潜在事故发生的可能性和严重性也会有不同的评价标准，个人承受风险能力的差异导致的后果也会迥然不同。回顾和总结身边的事故教训，很多事故发生的主要原因就是员工对风险的辨识和分析能力不足，把一些基本的“应知应会”变成了“意外”事故。

风险因素辨识具有长期性、反复性和动态性的特征，工作需要外力推动，需要“主动识别”。正常情况下，管理风险的程序是：自下而上查找风险——给找到的风险排出优先顺序——按顺序制订年度防范计划——按照计划进行对策推进——由相关部门给出执行结果并反映到下一年度计划中。可见，自下而上查找风险是基础中的基础，但反观许多企业，并没有把查找和识别岗位安全风险作为基层员工的第一重要工作来抓。一些企业缺乏定期组织开展全面风险因素辨识工作机制，基本上都是依靠“被动识别”。

从企业运行实践来看，安全监督部门在风险分析评估方面扮演了主要角色，风险评估小组基本上没有来自基层生产一线的员工，作业人员更是很少参与操作规程的制定、评审和修订过程。许多企业的安全预评价报告也大多由有资质的咨询公司编写，报告中大都是定性分析，量化的风险分析明显不足，大多只是挂在墙上、锁在抽屉里、放在资料柜中，关键时刻用这些资料来应付各种检查，并没有在实践中有效应用。

更为严重和普遍的问题是，许多企业员工有这样的思想，认为安全风险评估是企业领导的责任，各级管理层才是评估的关键，企业现场和岗位的安全风险识别也是各级领导的任务——现场各种安全风险都需要领导来识别和告知，领导认定的安全风险才是风险，员工只需控制“规定风险”就可以保证安全。这就导致许多企业员工所认识的安全生产风险，一部分是制度和预案中写下的，另一部分是领导或其他老员工依靠经验和阅历传递告知的，很少有员工自己发现的。凡是制度上没写的、领导没说的，都算“意外”，员工只是掌控上级“规定风险”的执行者。

实际上，更为可靠和恰当的做法应该是在专业部门指导下，由现场最熟悉操作的人员按操作步骤以及设备单元来辨识危害、评估风险并制定措施，实现风险控制与岗位职责、操作规程、应急处置、岗位培训有机结合的“四位一体”管理，并结合实际不断调整完善，着力解决编制风险规程的人员不懂现场操作，而现场操作人员又不参与、不关心规程编制的问题，使风险管控更具有针对性和实用性。这样做，可以把风险辨识、管控措施和现场监督进行全面融合，确保基层所有作业人员都清楚身边的安全风险并掌握相应的控制措施，真正达到第一现场、第一时间、第一处置的效果。

许多日本企业在制定风险管理流程时，排在第一位的是“启发员工的风险意识”和“不断发现新的风险”。“让我们养成发现风险的能力，在风险防范阶段的智慧要比抵御风险的知识更为重要”，这是日本资生堂公司风险管理最高领导（风险对策委员会委员长）给公司全体员工提出的口号。他还提出“每一位员工都是风险管理人，所有在场的人都是风险管理人”的理念，明确查找岗位风险的主要工作必须依靠岗位员工来完成，也只能由岗位员工自己完成。

员工应该参与危险源辨识、管理流程设计、管理标准和管理措施制定全过程，不仅对所在岗位的具体要求了然于胸，同时对现场可能出现的隐患、风险以及相关注意事项、管控措施做到心中有数。企业要定期组织一线员工对生产作业现场设备、环境、人的行为以及现场管理的安全生产风险进行评价，根据评价结果，有针对性地对风险管控和应急处置措施进行补充完善。在此基础上，企业要建立岗位安全风险防控一览表并予以公开，真正做到“风险定到岗、制度建到岗、责任落到岗”。这样，一线基层员工自然就成了企业安全风险管理的主体。

当然，要真正做到把生产一线有经验的人员纳入危害因素辨识与风险评价工作中，企业还应大力提高员工对现场风险的识别能力，尤其是应及时对其进行现行的国家标准和规范、安全生产法规及各项制度规定的培训，避免因信息不能及时有效沟通而导致危害辨识和风险评价仍沿用老旧标准的现象。特别要培养员工根据分析对象的性质、特点以及阶段来选用辨识工具和方法的能力，而不是仅仅依靠参与人员的知识、经验和习惯来辨识风险；同时，要定期在一定范围内组织岗位员工进行深入讨论，全面交流危害因素辨识和风险评价规范及方法，把握关键工艺、关键时段、关键环节的防控重点，避免出现由于参与安全风险评价人员能力不足或者对工具方法不理解而导致的评价结果深度不够、针对性不强的现象。

强调员工参与，就是因为风险识别的过程也是员工强化自我培训的过程。安全风险识别出来后，必须系统研究如何把安全风险识别评价结果与属地责任进行深度融合，特别是要真正将风险防控措施融入具体的岗位培训当中，强化岗位风险辨识深度，提高岗位员工的风险控制能力，让每一名员工都能做到熟知危害因素、了解风险后果、明白控制措施，这样才能使安全风险管控真正落实到位。

在这一过程中，安全监督部门一定要避免包办代替，可以在风险辨识和评价方法的选择及应用等方面加强和业务部门、基层单位的协调沟通，承担起答疑解惑和技术指导的职能，促使全员掌握危害因素辨识与风险评价的方式方法、技术要点和工作重点。特别要注意推广运用安全观察与沟通、工作前安全分析、启动前安全检查、工作循环分析等各种工具方法，进一步完善基层风险管控措施手段，使每一位员工都成为识风险、抓风险、控风险的行家里手。

企业要通过人人查找风险、人人清楚风险、人人制定措施、人人参与监管，把企业员工培养成企业安全风险管理的主体，把对安全风险的监控责任落实到每个班组、每个员工，由企业“一双眼”监控转变为员工“千百双眼”监控。员工在查找风险的过程中要进一步了解和掌握风险，就能把“意料之外”变成“预料之中”，成为最明白和最清楚自身岗位安全风险的专家。众多企业一线岗位员工不但是安全生产的受益者，同时还是安全风险管控的责任者、实践者，这才是企业应对各种安全生产风险最可靠、最有力的基础保证。

三、从来没有绝对的安全，人们总是在追求“绝对安全”的努力下收获着“相对安全”的结果

一个被广泛认可的理念是：安全不等于没有发生事故，没有发生事故也不等于安全。安全实际上是在一定条件下社会或人们对于风险可接受、可承受的状况，也就是说风险是否处于可控、在控状态，而不是没有任何风险。那种既没有损失也没有危险的“绝对安全”虽然过于理想化，却是人们努力的方向。人们总是在追求“绝对安全”的努力下收获着“相对安全”的结果。

安全的本质含义应该包括预知、预测、分析风险以及限制、控制、

消除风险两个方面。对于现代企业来说，风险管理就是通过风险的识别、预测和衡量，选择有效的手段，以尽可能低的成本，有计划地处理风险，以获得企业安全生产的有效保障。不发生事故并不能说明企业安全生产工作做到位了，只不过是当前事故风险因素还未打破整体平衡，一旦事故风险超出控制，打破双方的能量平衡状态，事故自然就会发生。换句话说，只要事故隐患未除，即使未发生事故也不能说企业生产是处于安全状态。结果安全并不等同于状态安全，不出事故是安全生产工作最基本、最起码的要求。

目前，衡量一个企业的安全生产水平往往采用三个指标：一是事故总量，反映强度。二是相对性指标，反映风险管控水平。三是重特大事故发生概率，反映安全生产的控制力度。目前许多企业的安全生产工作还没有建立起科学合理的、以定量为主的考核指标体系，大多以是否发生事故或发生事故的起数、死亡人数、受伤人数以及直接经济损失作为主要的评价标准。下面来看一个企业的年度安全生产指标。

1. 重大机械设备事故为零，重大道路交通事故为零，火灾、爆炸事故为零。

2. 无重伤以上人身伤害事故，无职业病。

3. 一次性经济损失 1 万元以上安全事故为零。

4. 轻伤事故控制在 3% 以内。

5. 行车责任事故经济损失率低于 3.5 万元 / 百万车公里。

6. 对新工人进行“三级”安全教育，考试合格方可分配上岗，完成率达到 100%。

7. 一般隐患和重大事故隐患整改率达到 100%。

8. 特种作业人员持证率达到100%。

9. 特种设备定期检验率达到100%。

10. 设备设施完好率大于95%，安全设施完好率达到100%。

11. 全员安全培训合格率达到100%。

12. 通过安全生产标准化评审。

看看当前许多企业确定的年度安全生产目标，控制在这个指标范围内就叫相对安全，或叫安全形势基本稳定、总体可控。这种结果性考核方式缺少过程监控，并不能全面准确地体现出达标控制等过程管理的要求。考核被简化为追责和事后惩处，一味对结果进行考核很难促使企业积极提高安全绩效，也未必能真实地反映企业安全生产工作的实际状况。最为典型的事例是，一般安全生产先进企业的评选截至每年的12月31日，许多被评为先进的单位却在次年年初接连发生生产安全事故，让企业的安全生产考核体系瞬间“被打脸”，这也再次说明没有事故不等同于风险完全受控。

作为企业管理者，最重要的一项职责就是要清楚本单位、本企业、本领域最大的安全生产风险是什么，全年共排查出多少风险，颠覆性风险有哪些，整改了几个，一时整改不了的有哪几条保证措施，需要公司层面解决的还有哪些问题，等等，这些企业管理者都要做到心中有数。有的企业甚至成立专门的公司安全风险评估专家委员会，每年组织对全年查出的安全风险项目进行深入论证、审核、认定，对每一项风险隐患都要挂牌督办，进行滚动销项管理，这种由专家组织的分阶段的风险评估活动可能更为系统，也更为科学。

风险是动态的，安全生产风险管控也是一个动态的过程。任何经营活动都存在安全风险，任何先进技术都有特殊的安全问题，没有风险的发展和进步是不存在的。企业每年通过全覆盖的安全生产风险评估来确定重大风险，评价结果不能一成不变。针对一些项目施工进度、现场环境、设备型号、配合人员等相关因素变化频繁的问题，许多环节都应该重新组织风险评估分析，特别是要对变更的人员进行再培训和能力评价，以确保关键岗位人员的变更不会过于随意，从而杜绝风险因素辨识不深入、风险评估不系统、控制措施缺乏针对性和可操作性等诸多瓶颈问题。

安全风险是生产经营活动中存在的风险，生产与风险互生共存，只要有生产作业活动，就会有安全生产风险。旧风险解决了，新风险还会不断产生，每天都是零起点，永远不会终结。安全监管也必须根据专业性质、风险特点、变化情况、控制水平等因素，确定风险评价的周期或时间间隔，当涉及人员、作业规程、工艺过程以及环境条件等方面的重大变更时，应重新进行安全风险评价，并对风险信息及时进行更新。

此外，有些企业只注重对重大施工项目的风险识别，却往往忽视小项目或临时项目的风险管理；只注重施工前的静态风险识别，却往往忽视施工过程中的动态风险管理；只注重对设备设施和环境的危害识别，却往往忽视对员工习惯违章风险管理；只注重新工艺、新设备、新技术和新材料的应用，却往往忽视对其潜在的危害进行识别。有的企业对于风险因素的描述往往立足宏观层面，过于宽泛，提出的管控措施不够具体，难以落实，只是笼统指出大方向、大范围，如“未按规定操作”“违章操作”等泛泛的描述；还有的评估只是描述了安全风险可能导致的后果，如“着火、坠落、泄漏”等，而没有提到员工更为关心的、导致这一后果的真正原因。这样的风险评估更多的是在走形式，或者说是一种典型的“为评估而评估”。

安全生产风险有现实问题也有历史累积。多年来遗留的隐患矛盾和问题欠账，不可能一下子全部解决，还需要一个较长的过程。安全风险评估完成后，客观上也不可能在同一时间、同一地点、同一条件下将安全风险全部消除，但主观上可以区分轻重缓急。消除风险在时间上有先后，在条件上有成熟和不成熟，在地点选择上会面临有利和不利，这些都需要统筹考虑，“眉毛胡子一把抓”的做法从来都不会有好的效果。

总体而言，当前大多企业安全生产基层脆弱的现状还没有得到根本性改变，一定时期内安全生产还不是建立在牢固可靠的基础之上，重特大安全事故发生的可能性和不确定性依然存在。在这种形势下，企业不能祈求发现并一下子解决所有安全风险和事故隐患，只能想办法不断控制或者降低风险。如果一个阶段内能实现对安全风险的有效监控并做到动态预警，说明已经掌握了风险的变化趋势，其本身也是不断创造多种条件和前提系统解决问题的过程。我们追求的目标是治本，但并不是所有的问题都具备治本的条件和前提。如果暂时达不到治本的目的，现阶段能够治标也是一种积极的态度和做法。

四、有限的安全监管资源不能平均用力，强化精准监管的前提是分层分级差异化

理想的安全风险管理，是对一连串风险排好优先次序的过程，使其中可以引致最大损失、最为严重、最可能发生的风险被优先处理，而相

对风险程度较低、影响较小的则押后处理。这样紧紧围绕安全生产运行过程中的关键环节和重点岗位，对企业作业场所、作业岗位的危险点、事故隐患和危害因素进行全面系统的排查、辨识、评价分级，不同层面有不同的监管重点，实行分层管理和分级防控，通过差异化的监管形成“分层分级、各有侧重、上下衔接、逐级负责”的立体化的安全风险防控机制。风险分级管控程序，如图 4—1 所示。

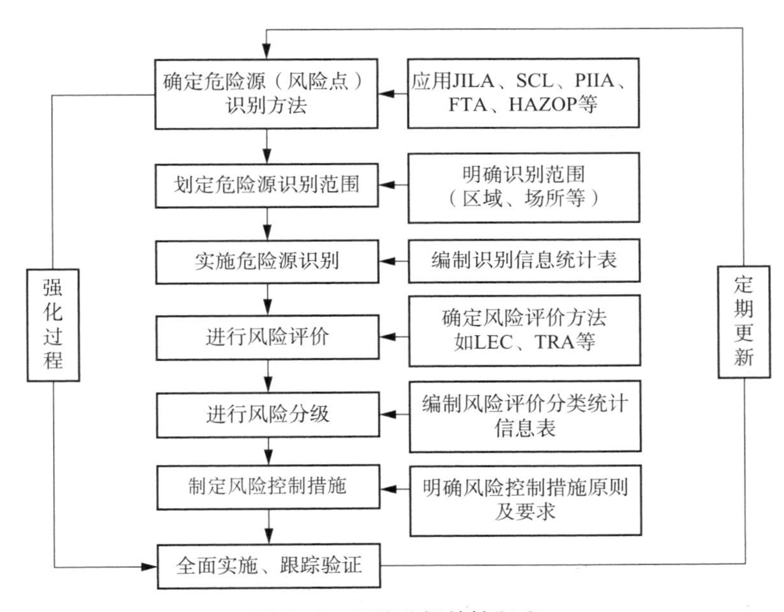

图 4—1　风险分级管控程序

实际上，以往大水漫灌式的安全风险管控现象仍然普遍存在。以安全大检查为例，许多检查都是平均用力，一张检查表全覆盖，整体要求、混沌推广、不问效果，使安全生产监管断档缺位的现象更为突出。下面来看一个标准的企业安全大检查部署文件。

一、总体目标

（一）提高认识，强化意识。强化安全生产的责任意识、忧患意识，进一步提升对安全生产极端重要性的认识，真正把“安全第一”的思想落实到生产经营各项工作之中。

（二）排查隐患，落实整改。要全面系统地排查各类安全隐患和问题，对可能造成较大及以上各类事故的风险，做到底数清晰；对发现的隐患和问题分类管理、分级督办，做到可控在控。

（三）落实责任，完善体系。要进一步落实“一岗双责”管理要求，落实安全管理责任，理顺管理流程，健全与集团公司发展、安全生产管理要求相适应的安全生产管理体系，切实解决一批影响集团公司安全生产长治久安的深层次问题。

二、检查安排

公司安全生产大检查工作，自1月上旬开始，至4月底结束，共分三个阶段进行。

第一阶段：1月10日至2月10日，为各单位宣传、动员、自查阶段，结合公司要求，认真制订检查方案，全面进行动员部署。

第二阶段：2月10日至28日，全面组织开展自查自纠和安全生产状况评估，总结报告及时上报集团公司。

第三阶段：3月1日至4月30日，为安全生产大检查“回头看”阶段，集团层面进行抽查并督促企业加大问题整改力度。

三、检查范围

（一）国家各项部署的贯彻落实情况。

（二）安全生产主体责任落实情况。

（三）集团公司重点要求的落实情况。

（四）隐患排查治理和重大危险源安全监督管理情况。

四、检查要求

（一）加强领导，迅速行动。要高度重视，把集中开展好安全生产大检查作为当前安全生产的首要任务，周密部署，立即行动。企业主要负责人要亲自组织，党政工团齐抓共管，落实好必要的人力、物力和财力保障。

（二）全面排查，不留死角。要切实做到不留死角、不留盲区、不走过场，以“严细实”的作风，以对隐患和问题“零容忍”的态度，坚持“命”字在心、“严”字当头，敢抓敢管，忠实履行职责。

（三）即查即改，狠抓落实。要坚持边检查边整改，以检查促整改。对检查发现的问题，制订整改方案，落实整改措施、责任、资金、时限和预案。

（四）标本兼治，完善机制。要把大检查中形成的好经验、好做法，及时总结提炼固化为规章制度和标准规范，着力提升企业安全保障水平。

多年来，企业都是按照这种统一模式按部就班地开展安全大检查和风险管控活动，目的是希望在全系统做到安全监管无漏洞、无盲区、无死角。实际上，安全大检查活动的更大意义在于以重点带全面，以关键促整体，但基于当前有限的安全监管力量，依靠这种多年不变的常规模式难以实现监管全覆盖，必须完善以精准施策为目标的风险分类分级监管，尽量把监管资源和监管力量向重点风险领域和关键部位倾斜。

风险分级分类的前提是全面的风险评估。首先，要组织专家集体会诊，根据企业性质、安全基础条件和危险有害因素等实际情况，对企业全部生产经营单位的基本情况进行摸底调查，整体分析安全风险态势：

针对可能发生区域性、系统性问题的主要领域、关键环节和重要部位，查找事故易发的规律性，通过危险与可操作性分析、事件树分析等多种有效手段，采取自上而下与自下而上相结合等多种办法，有选择、有重点地查找安全风险点。其次，按风险发生概率、危害损失程度进行评估后确定风险等级，全面揭示各岗位、各作业环节、各危险领域存在的安全生产风险。

当前应急管理部正在大力提倡各地探索建立“安全生产风险地图”，根据事故和隐患情况，分区域、分城市确定“红、橙、黄、绿”风险等级，向党委政府、有关部门和社会公布，实行动态评估更新，对问题突出的重点地区实施重点整治。厘清分级分类监管权限，日常执法检查以县为主，规模大、风险高、专业性强的企业要由市级监管。既不能多头重复执法，也不能把监管责任层层推到县级甚至乡镇。

在实践中，有的企业更为细致地将安全生产风险主体划分为生产管理活动和生产作业活动两个层面，并针对两种活动的特点分别制定更为有效的风险识别和管控措施：对生产管理活动，按照管理职责和管理流程，梳理分析存在的风险并制定风险管控措施；对生产作业活动则以岗位或作业工序为重点，分解生产操作步骤，辨识分析和评估风险并制定控制措施，从而在以上两个层面形成“分层管理、分级防控”的安全风险分级防控管理机制，把可能导致的后果限制在可防、可控的范围之内。

事实上，安全生产风险不仅蕴含在各个作业活动中，也具体体现在每一个员工具体的操作步骤中。当前比较流行的一种实用工具方法是工作安全分析（JSA），它是指事先或定期对某项工作进行安全分析，识别危害因素，评价风险，并根据评价结果制定和实施相应的控制措施，从而最大限度地消除或控制风险的方法。一般在开展以下工作前应进行 JSA：制定、修订作业指导书、操作程序、操作规程等标准操作文件前；非常规、临时性作业；工艺、方法、物料、设备、工具、作业环境等因素发生变化的作业，等等。

安全生产风险评估需要借助这种专业技术或方法进行综合分析和系统评价，以确定事故演变过程。还有一种较为流行的分析方法为危险与可操作性分析（HAZOP）。

危险与可操作性分析（HAZOP）是以系统工程为基础的一种可用于定性分析或定量评价的危险性评价方法，用于探明生产装置和工艺过程中存在的危险及其原因，以寻求必要对策。其通过分析生产运行过程中工艺状态参数的变动、操作控制中可能出现的偏差，以及这些变动与偏差对系统产生的影响及可能导致的后果，找出出现变动与偏差的原因，明确装置或系统内及生产过程中存在的主要危险及危害因素，并针对变动与偏差的后果提出应采取的措施。它与其他安全评价方法的明显不同是，其他方法可由某人单独使用，而危险与可操作性分析必须由一个多方面的、专业的、熟练的人员组成的小组来完成。

企业在对安全生产进行分类分级的基础上，探索建立企业安全生产风险数据库，筛选出哪些是公司层面要控制的风险，哪些是下属车间小队要控制的风险，哪些是基层员工岗位要控制的风险，分系统、分层次明确各领域、各类型 A 级、B 级、C 级三个级别的风险概况；

同时，依据不同企业的隐患排查内容、治理标准、监督检查频次等实行差别化监管，把风险责任和风险措施落到各层级、各专业、各工种、各岗位，特别要加强对高风险领域、环节和岗位的掌控，并针对不同的风险情况采取相应的预防和控制措施，进一步提高安全监管的针对性和有效性。

与动态的风险识别一样，这种安全风险分级也不可能一劳永逸，不能10年就做一次分级，做完了就丢在一边，更不能年年一样、一成不变。风险分级管控也是一个动态、持续的管理过程，不能寄希望于“毕其功于一役”，在加大阶段性风险排查整治力度的同时，更要注重建立风险管理的长效机制，从制度上实现标本兼治。企业应依据日常监管掌握的实际情况，每年定期对全系统的安全风险等级进行调整，实行升降级制度，并结合季节性安全风险重点进行动态分析，对风险信息应及时进行更新，遇到节假日或特殊时期实行提级控制，以此保持企业风险等级动态，真实地反映企业现时风险等级水平，防止出现风险评级终身制现象。

建立完善安全风险分级防控体系是一个渐进的过程。企业应深入把握自身安全风险分布规律和演变趋势，并以此为契机，研究建立利于风险发现和预防的制度、规则、标准、运行机制与程序，逐步建立“自下而上查找风险、确定风险优先顺序、制订年度防范计划、推进结果及时反映到下一年度计划”的风险管理运行程序，逐步形成以工作岗位为点、工作流程为线、监管制度为面的安全风险分层、分级防控体系。

五、风险控制不能是常规的管理改善，应急预案要从“观赏型”回归到“实用型”

明确和识别风险，其最终目的是要建立基于风险的安全管控体系。具体来说，就是以风险为核心，围绕分级分类的安全生产隐患治理、事故事件管理和应急管理整体联动，形成以前期预防、中期监控、后期处置三道防线为主的安全生产风险管控机制。

安全生产风险评估出来后，怎么预防，怎么监控，怎么动态管理，都是问题。首先，应对上报的事故事件和风险等级结果进行归类，通过对典型的、有代表性的事故事件和风险进行分析，形成一条全面的风险预警曲线，阶段性地进行分析，找出其内在规律。其次，结合以往事故以及日常安全监管中发现的各类问题，逐步建立各专业、各领域的安全生产动态风险数据库，制作安全风险提示图，编制“安全风险控制手册”，形成安全风险控制表，建立安全风险管理互动平台，从而实现对安全风险管控从无形到有形、从抽象到具体的转变。

其中，可以考虑将风险数据库中不可接受和可能造成重大生产安全事故的风险作为安全生产隐患治理项目，按照轻重缓急的原则，分期、分批进行整治。对风险库中高风险和可能引起严重后果的风险必须建立预警模型，做好专门的应急预案，落实消防等应急资源，建立各方联动机制，切实做到突发事件第一时间得到处置，防止事态扩大。这样，已往事故情况、上报事件情况以及监督检查问题情况共同构成一个专业和单元的风险要素，其中重大风险成为隐患治理的来源，也是制定和完善应急预案的主要依据。

应急预案应该在严谨细致的风险识别、评估的基础上编制，不能照搬照抄，更不能为了应付上级检查而仓促制定。要着力解决预案针对性、可操作性不强，演练不够的问题。在安全事故发生后，不仅要查原因、追责任，同时要对事故应急处置情况进行系统深入的评估和全面总结，查找不足、摸索规律、堵塞漏洞，不断提高快速反应、科学处置能力。特别是一些企业预案，要与政府预案相互衔接、及时修订，确保遇到紧急情况能够立刻形成联动效应。

应急处置不力是青岛“11 · 22”输油管道爆炸事故暴露的突出问题之一。调查报告指出，相关单位对泄漏原油数量未按应急预案要求进行分析，对事故所做的风险评估出现严重错误，没有及时下达启动应急预案的指令；未按要求及时全面报告泄漏量、泄漏油品等信息，存在漏报问题；现场处置人员没有对泄漏区域实施有效警戒和围挡；抢修现场未进行可燃气体检测，盲目动用非防爆设备进行作业，严重违规违章。同时，调查报告披露，上级单位对原油泄漏事故发展趋势分析不足，指挥协调现场应急救援不力。相关组织未能充分认识原油泄漏的严重程度，根据企业报告情况将事故级别定为一般突发事件，导致现场指挥协调和应急救援不力，对原油泄漏的发展趋势分析不足；未及时提升应急预案响应级别，未及时采取警戒和封路措施，未及时通知和疏散群众，也未能发现和制止企业现场应急处置人员违规违章操作，等等。此外，相关组织未严格执行生产安全事故报告制度，压制、拖延事故信息报告，谎报分管领导参与事故现场救援指挥等信息。

山东临沂“6 · 5”重大爆炸着火事故，也反映出在岗人员安全管理混乱、安全意识淡薄、应对能力不足等严重问题。在液化气发生泄漏后，员工有的驻足观看毫无反应，有的不知逃生路线跪地爬行，有的进入油罐车驾驶室躲避，甚至还有人启动摩托车和电动车撤离。总之，多数员工在突发事故面前无知无畏，看不到任何应急处置的职业素养。

事实上，很多企业风险应对措施都是常规性的管理改善措施，不具体，模式化，措施空泛，可操作性差，并没有很好地针对风险特点制定相应的解决方案。比如，一些岗位的风险管控措施为：遵守规章制度和操作规程，持有作业许可证，穿戴和使用劳保用品，等等。这样的描述就没有做到具体和可量化。

再如，当有害气体泄漏时，按照规定应该向泄漏点的上风向撤离，但相当一部分的应急方案中并没有指明由谁向现场人员通报风向以及指定临时的最佳撤离路线。许多应急方案针对紧急情况下的现场施工人员撤离问题提出了明确要求，但对现场参观人员和临时工作人员的撤离没有明确负责人员，对现场参观人员、承包商的进出没有实行严格的登记制度，发生紧急情况时根本不清楚施工区域内到底有多少临时人员和车辆以及他们的确切位置，因此造成事故危害扩大。

应急预案制定之后不能束之高阁，应强化预案培训和实战演练，确保所有员工都能熟悉避灾路线，正确使用个体防护工具，掌握应急处置程序和要领，做好初期响应、信息报告、先期处置、泄漏封堵、危害后果分析、监测监控等工作。关键应急程序要图表化、牌板化，一些企业将应急程序、主要步骤打印成卡人手一份，遇到突发情况第一步做什么，第二步做什么，第三步做什么，整体上不超过10个步骤，表达简单清晰，易懂易记，员工只需对照操作现场确认即可。这种应急处置卡已经在部分企业大范围推广。

比制定风险管控措施和应急预案更为重要的是，要把重大风险隐患当成事故对待，深入查找其产生的原因并追究相关人员的责任。要按照安全事故的标准对待安全风险，特别是对于一些屡查屡有的问题，一定要循着现象进行追溯：为什么会产生，为什么会忽视，为什么一直没有整改，为什么整改不彻底，等等。在此基础上，将结果聚焦到具体管理环节和具体岗位人员，进行责任追究，建立“一查到底”的风险责任倒查制度，从源头发现一直贯穿到收尾之后的长效管理机制。建立问责关口前移制度，加强过程追究和风险隐患追究，对防范措施不落实、隐患整改不到位、治理效果不明显等行为，要比照生产安全事故进行处理，实现从事故追责到风险隐患追责的转变。

事故大小有划分标准，但是风险隐患没有严格的划分标准。的确，可能对企业产生颠覆性影响、造成灾难性后果的安全风险都应该属于重大风险，但这在实践中确实难以把握，每个毫不起眼的风险或隐患造成的后果都可能是灾难性的、企业难以承受的。人们常说“安全无小事”，就是提倡要把所有风险都视小为大，对所有风险都如临大敌，因为真正的重大安全风险恰恰是无形的、最容易被忽视的。发现不了的问题是最大的问题，意识不到的风险是最大的风险。

困局五

事故是人们违背客观规律受到的惩罚，是对各项工作进行的最公正的检验，是强迫人们接受的最真实的科学实践，同时又是我们探索规律、认识规律的一种独特方式。每一起大的安全事故都被反复推演，并被当作案例教材“四不放过”，但同类事故仍然屡禁不止。

——难道真有一种永远走不出的事故循环？

人们周而复始地犯着同样的错误，企业反反复复地发生着同样的事故。在一起起的事故之后，管理部门对责任者“严肃查处”，事故企业“停业整顿”“举一反三”，舆论疾呼“痛定思痛，让悲剧不再重演”……企业在事故反思中都会有很多“假如”：假如第一道关把住了，事故就不会发生；假如第二道关把住了，事故危害就不会扩大，等等。每起事故往往都有七八道防线被突破，这种反思往往会一直延续到下一次事故。

事故让人警醒，教训更令人痛心。尽管每次事故之后都能努力做到深入查找原因、认真吸取事故教训并健全完善工作制度，但还没有形成一整套科学、有效的安全生产长效机制。反复发生的问题要从规律上找原因，普遍发生的问题要从体制、机制上找原因。从演化机理上分析，事故本身就是一个概率事件，是事物的必然性和偶然性的对立统一。认真分析各类生产安全事故，可以得出一个共同的结论：任何一起看似偶然的事故，终究难逃“三违＋隐患＝事故”的公式。看似偶然，其实是必然。

出了事故并不可怕，可怕的是出了事故找不出真正的原因，这才是对安全生产工作的失职。辩证地看待，事故也是一种资源，教训也可以转化为财富，关键在于对待事故和教训的态度。目前许多事故调查报告不足以找出和反映造成事故的根本原因，而找不出根本原因，也就没有办法制定出具有针对性的防范措施——根本原因不“根本”。事故调查不仅要确定责任，更要研究和弄清事故发生的机理，最终目的是防止以后再发生类似的事故。换句话说，事故调查报告不仅要告诉我们发生了什么，更要告诉我们为什么会发生。

人们似乎越来越难以解释：在全国上下对安全生产监管趋严趋紧、企业全员安全生产意识不断提升强化的大背景下，各地、各企业的生产安全事故仍然此起彼伏。那么，究竟是其中哪个环节或哪个因素被忽略了呢？

2013年6月4日，东北地区连续发生3场大火，引发3个怒问。

谁的责任？事故之后，必须厘清。我们不能因事故的再次发生，就简单地倒推回去，说问责不力。问责，不是在为未来的安全打包票，但事故再发的残酷事实确实表明，仅做亡羊补牢式的问责，远远不够。既要在出事后查清事故责任，更要在出事前厘清管理责任，还要在厘清管理责任后，认真落实这些责任。

谁在变通？事故责任者不是企业管理的新兵小卒，它有成熟的制度体系，但从实际情况来看，太多的制度被变通式地执行了，扭曲了，忽略了。

谁能放心？化工，是一个发展中国家的现实所需，但其安全度能让公众放心吗？显然，我们不能一概而论：管理得好，能让人放心；管理得不好，就真的不让人放心了。对我国工业化进程中难以回避的环境损害风险，怎么让公众放心视之？这绝不仅是个别项目的问题，而是一个局部影响全局的大问题。

对这三问，“问责”是一种回答，“坚守制度不变通”是一种回答，“凡事预则立”也是一种回答。要回答这些问题的，也不只是当事企业。

我们再来看一个事故：欧洲的勃朗峰隧道发生火灾，伤亡重大，也烧坏了很多车，因此关闭了很长时间。在关闭期间他们做了两件事：一是分析整个隧道每个位置上发生火灾的可能性，并思考在任何一个位置上出现火灾消防人员如何以最快的速度到达火场并控制住火势，同时分别在几个地方修建了消防洞。二是为了保证人身安全，修建了很多藏身洞，藏身洞能保证一定时期内人的生命安全，而且设置了消防玻璃，做到了标本兼治。

反思我们对待每一次事故的态度，是否有这样标本兼治的防范措施？是否举一反三消除了企业内部其他类似隐患？是否真正做到了他人摔跤我们防滑？

整体上我们可以做出这样的判断：当前大多数企业的事故管理仍然停留在经验管理阶段，对于各种事故原因的认识大多还停留在“危险识别不到位”“员工安全意识不足”“责任没有落实归位”以及“安全培训不合格”等几个方面。事故调查按部就班、墨守成规，事故报告内容大同小异、如出一辙，而据此制定的整改措施更为笼统。调查完结之后，事故报告就束之高阁，没有人分享、没有人跟踪，更没有人关心事故之后的整改效果。这样的事故调查模式在一些企业中已经成为常态。

一、事故只是对麻痹松懈思想的一种惩罚，而不能成为“循环论”的依据

生产安全事故没有淡季，从不“嫌贫爱富”，也从不区分大小强弱：无论是“巨无霸”式的大企业还是“不起眼”的小作坊，无论是高危行业还是普通店铺，只要员工思想麻痹懈怠、风险管控不实不细，就可能

发生事故，甚至是重特大事故。有人认为，事故发生是偶然的。不可否认，从事故发生的时间、地点、对象来看，特别是从单个事件事故的发生原因来看，大多属于在一定条件下偶发的随机事件，包含一定的偶然因素，但这种偶然因素都只是表面现象，现象背后叠加着一系列必然因素，串联着一系列内部原因。

事故的发生是一个复杂的过程，涉及多个方面。造成事故的原因看似千差万别，其共性因素却如出一辙，都是对小概率后果的违规行为干惯了，看惯了，麻木了。通过对多起事故发生发展的内部决定性关系研究，用一定的科学手段和分析方法，就可以找出事故事件的发生趋势和规律。正如恩格斯所说，这种偶然性始终是受内部隐藏的规律支配的，而问题只在于发现这些规律。天津“8 · 12”爆炸事故就是多种违规状况造成的严重后果。

天津“8 · 12”爆炸事故是新“两法”实施后的涉及多项违法违规的典型事故。事故公司严重违反有关法律法规相关条款竟有22项之多，其中包括未批先建，无证违法经营，严重超负荷经营，未按要求进行重大危险源登记备案，安全生产教育培训严重缺失，未按规定制定应急预案并组织演练，等等。有些过去属于企业内部的违规问题，现在都变成了违法行为。最终处理结果中，违法条款涉及多个企业内部管理部门，有的属于生产部门属地责任，有的属于企业职能部门直线责任，涉及24名企业人员、25名政府部门人员，采取刑事强制措施、纪律处分123人。对这一处理结果，众说纷纭，但普遍认为，“8 · 12”爆炸事故的处理是中国企业合规管理的一个里程碑。

事故规律是可以认识的。每当岁末年初，企业重大改革制度出台以及企业进行生产工艺改造的时候，是最容易引起员工情绪波动进而引发生产安全事故的时候，气候条件的改变、企业领导层调整也容易给安全生产带来新的挑战。这是事故发生的规律性使然。认识这种规律并有针对性地采取措施，就能够见到明显的效果。中国石油集团对2017年、2018年两年来所有亡人事故进行大数据深入分析，发现在节假日发生的事故占比达到34%，随后便明确提出节假日施工必须领导带班、管控升级等要求，亡人事故起数明显减少。此外，随着企业整体形势的调整变化，安全生产工作经常会出现时紧时松、时冷时热的现象，呈现出“平稳——懈怠——事故”的波段性特征，这就是生产安全事故的周期性或者说是循环论，直接表现为安全生产形势时好时坏。

从实践来看，这种安全生产的周期性往往与企业主要领导人的心态和认识有关。一些领导者缺少对安全生产长期负责的意识，片面追求任期内的短期安全政绩，使得安全生产工作经常是“巧修巧补”，看上去很美，事实上治标不治本，造成企业潜在的安全隐患不断累积，经常是前任领导刚走问题就接踵而至。还有一些企业主要领导人刚上任就大张旗鼓地抓安全生产，希望“快刀斩乱麻”，毕其功于一役，短期内集中解决安全生产中的所有突出问题，这样的领导者往往缺乏稳中求进、循序渐进的安全生产工作思路，不能把安全生产工作视野拓展到企业经营以及员工生活的各个层面，更不能做到未雨绸缪，系统解决安全生产工作中的各种问题，对安全生产的长期性、系统性和渐进性准备不足、认识不足，本质上难以提升安全绩效。

态度决定一切。对待生产安全事故，不同的态度和认识会产生不同的结果。目前，有相当多的企业领导者仍然持“安全事故家家有，藏而不露是高手”的自欺欺人态度，一旦出事就多方采取措施紧急“遮羞”“捂疮”，认为只要不被上级知道、不被举报、不被新闻媒体报道就没事，把媒体炒作到什么程度和领导批示到什么级别作为判断事件事故性质和程度的重要依据。还有一些企业领导者习惯事故发生后在媒体上理直气壮地指责现场管理混乱，强调上级部门已经针对这一隐患多次组织检查，多次下达整改停工通知书，但基层企业就是任性妄为，不能落实整改，以此来推脱自身的责任。这是一种典型的“甩锅”现象：事故企业自身的问题固然不能回避，但上级监管为什么没有持续跟踪？为什么明知隐患存在还听之任之，不断然采取措施？把部署了等于落实了，把抓过了等于抓好了，这就是人们常说的严格不起来、落实不下去的主要原因。

当然，让企业各级管理者主动从自身找原因是比较困难的，主要有三个问题：一是不愿找。在领导和公众面前主动暴露自身问题和缺陷还是需要勇气的。现在各企业领导者都是成绩大讲、特讲，问题则是小讲、艺术地讲，甚至不讲。二是怎么找。企业现在还没有形成一套科学、有效的措施和方法。三是谁来找。分析事故、查找原因的往往是安全监督人员，而事故管理层面的原因往往涉及人事管理、设备管理、生产管理以及承包商管理等多个方面，仅凭安全监督部门很难触及根本。以上三个问题构成了事故发生后从管理上查找深层次原因的极大障碍。

问题和隐患当然不会因为遮遮掩掩而自动消除。特别是当前，企业层面影响安全发展的诸多矛盾和问题尚未从根本上解决，安全生产工作中存在的基础脆弱、基层薄弱的问题依然比较突出，虽经多次安全整治但成效难以巩固，局部性、阶段性的波动与反复不可避免。企业各级领导者面对诸多问题，确实会感到千头万绪、无所适从。由于没有有效的抓手和平台，“眉毛胡子一把抓”，最终导致“捡了芝麻丢了西瓜”；但不管怎样，坚持问题导向，不回避问题、不掩盖矛盾，勇于自曝“家丑”，永远是强化安全监管的方向，也是走向安全发展的第一步。事故的背后是管理问题，管理问题的背后是作风问题。关键是要做到下级不搞报喜藏忧，上级不搞闻喜则喜、报忧则忧，进一步强化各级领导干部敢抓敢管、严抓严管的工作作风。这是当前安全生产领域必须面对也亟待解决的一个现实问题。

二、事故经历是最痛苦的学习，也是成长的“营养”

未雨绸缪，讲的是预防在先；亡羊补牢，说的是吸取教训。这些话我们已经喊了几十年，可是许多企业仍然经常会发生原因和结果大同小异的生产安全事故，被同一块石头绊倒两次甚至多次，连续掉入同一个陷阱。更有甚者，事故接连发生，且原因、经过惊人地相似，几乎是一个又一个的事故翻版。

一个企业反复发生事故，是不是每次都在痛苦地进行反思和总结？一次又一次的痛心疾首之后，事故却接踵而来。于是紧急问责，但一阵风之后又疲于管理，然后“春风吹又生”，“事过境迁，束之高阁；风头一过，沉渣再起”，又进入下一个恶性循环。当这种被动循环一而再、再而三地发生的时候，更多人开始反思多年来已经固化的头痛医头、脚痛医脚的安全监管方式。

事故与故事是截然不同的两个概念。如果把事故当作故事来说、来听，那么就很难在思想上引起重视，自然也就达不到防微杜渐、防患于未然的效果和目的。2019 年某集团公司下属单位 4 天内发生两起较大事故，但国务院安全生产委员会考核巡查组在该单位工地上检查时，发现项目经理、执行经理、安全总监都不知道自己单位已经连续发生了两起较大安全事故，这说明企业各级领导对事故的漠视已经严重到一定程度。出现事故是不幸的，轻易忘掉事故则是更大的不幸；智者用教训避免事故，愚者用事故换来教训。安全管理的目的是消除事故，而消除事故最有效的方法是“前事不忘，后事之师”。挫折、经历和教训也是成长的“营养”。安全管理工作就是在不断总结事故教训的过程中取得进步的。“重要的是那些教训，而不是一起事故。”这句话是 1988 年阿尔法平台火灾事故后，英国健康与安全委员会（HSE）提交的调查报告中的一句经典的名言。

实际上事故发生后，许多企业往往以平息事态保平稳、不影响正常生产经营秩序为主要目标，想方设法避重就轻，零打碎敲地制定措施，蜻蜓点水式地反思，不敢深究管理漏洞，造成事故的深层次原因更是难以涉及，于是以全面开展专项整顿的形式应付上级，而制度规程修订、监管机制完善等方面却很少发生变化。事故责任往往“说不透”，或拐弯抹角或说一半藏一半，或者千方百计强调客观因素，这样做的结果不可能找出事故的真正原因，更谈不上有针对性地落实防范措施，安全生产管理更是难以取得长足进步。我们来看一份事故发生后企业向上级单位做出的检查报告。

这次事故的发生使我们深刻认识到，安全生产是人命关天的大事，思想、制度、管理、纪律任何一方面的疏忽都可能酿成惨痛的事故，必须始终保持如临深渊的精神状态、从严监管的高压态势、严细实的纪律作风，切实筑牢安全生产防线。这次惨痛的教训再次告诫我们，公司安全管理基础依然薄弱。事故给逝者家属造成不可挽回的损失，给公司整体稳定的安全生产态势造成了不良影响，也给公司冲刺全年目标造成了巨大压力。我们深感对不起员工家属，也辜负了集团公司寄予的厚望。

下一步整改措施：一是全面开展事故大反思大讨论活动，深入学习贯彻中央领导关于安全生产重要论述，以及公司领导的系列讲话要求，强化红线意识和底线思维，时刻保持如履薄冰的危机感，把安全生产作为重要基础工程来抓，开展全员反思检视，坚决筑牢思想防线。二是全面开展风险隐患大排查大整改活动，组成由企业领导带队的检查组，全面督查专项整治落实情况，对生产作业各环节进行危害因素再辨识、风险再评估、措施再完善，全面梳理排查设备设施管理制度和操作规程，深入查找制度漏洞和缺失，补齐管理短板。三是针对领导工作作风再强化再提升，严格落实安全生产责任制，压紧压实各层级责任。严抓纪律督查，零容忍、严考核、硬问责，继续保持严格监管高压态势。

这样一份事故单位的检查报告中规中矩，有思想认识也有整改措施，但总是让人感觉缺少点什么。

事故发生后，不能总是把现场员工操作失误、责任没有落实等作为事故的主因。事实上，事故作为安全管理体系异常的信号，属于管理系统缺陷导致的结果，必须全面地监测、分析和挖掘事故背后潜在的各种风险因素，并用来检验和评价安全管理系统中存在的缺陷，然后深入开展有针对性的改进活动。这种改进不仅要有措施，还要有具体负责的落实部门；不仅要有改进的时间节点，还要有整改效果的检验标准，在一定时间之后还要有对整改效果的全面评估和明确的整改关闭程序。这才是真正吸取事故教训的态度和表现。

有一句格言是：聪明人不会第二次犯同样的错误，最聪明的人不会犯别人犯过的错误。其实，问题、风险并不可怕，可怕的是不能正视“短板”，“亡羊”后不能及时“补牢”，以致积弊日深，最终陷入被动应付的恶性循环。企业员工都不是书上“不食人间烟火”的圣贤，在当前阶段一时不慎或经验不足出现事故在所难免，要努力做到“摔跤后捡个明白”。最令人痛恨、最不可原谅的是，交了学费，不吸取教训，对隐患视而不见，对警钟听而不闻，甚至无休止地重犯“老毛病”，在同一个地点因同一个原因再犯第二次错误，甚至是第三次错误。

许多国际大石油公司正是在认真汲取生产安全事故教训后，才逐步走上安全发展道路的。当年，如果没有英国北海阿尔法平台大爆炸，没有卡伦爵士的深入调查和对英国政府提出的 106 条建议，现代 HSE 理念的出现可能还要推后很长时间。同样，如果没有当年大庆油田中一注水站的一把大火，就“烧”不出大庆油田的岗位责任制。

美国、日本、德国、法国等发达国家都非常重视事故发生后的技术分析和技术鉴定，这些国家每年都会对重大的、有代表性的事故进行技术汇编并提出综合分析意见，然后根据事故教训对有关标准、规范和规程进行修订，几乎每年更新一个版本，使事故教训真正变成企业财富。

在实践中，企业应该在认真分析事故原因的基础上，注重运用系统方法，从体制、机制和制度层面思考问题，多进行一些有事实根据的数据分析，多做一些纵横对比和综合研究，采用“事故树”等有效方法更多地从管理缺陷、管理体系或管理机制上查找造成事故的根本原因。同时，要特别注重分析事故发生的技术原因，因为事故出现是物变的一种结果、一种形式，不清楚技术原因就不能真正揭示事故的奥秘。在揭示技术原因之后，管理原因自然也就不难找出了。

企业要通过多方面、多视角的事故还原，把事故分析会开成“深度会谈会”“成果共享会”“团队学习会”，引导每一个员工对安全生产工作中存在的问题进行反思，把隐患当事故来分析，把“他人”事故当作自身问题来思考，“别人摔跟头，自己长见识”“别人生病我吃药”，使所有员工在潜移默化中接受教育，逐步建立一套立体化的警示教育制度。同时，企业要深入开展员工行为安全自查活动，对事故隐患、危险经历、人为过错等，实行免责报告，使安全防范的关口进一步前移，使全体员工逐步形成对不安全因素的条件反射。安全事故不是生产指标，欠产了可以追回来，但通过将事故当作“资源”，每发生一起事故，就进行一次事故教育、积累一次经验教训、完善一批预防措施、改进一步安全状况，就可以对“欠产”的安全指标最大限度地进行弥补。

三、不要让责任追究成为事故调查报告的主题——“变味儿”的事故调查

生产安全事故已经成为企业绩效考核或者综合评价的一项重要指标，安全生产也被许多人称为“无政绩工程”。和其他工作不同的是，安全生产没有政绩的积累，事故发生后，前期所有工作都会自动“归零”，不会因为相关责任人曾经是“功臣”“能人”、有过贡献就可以免于追究。无论是谁因事故暴露出的安全生产方面的失职、渎职以及不尽职等问题，都会面临追责风险。责任追究也成为与安全事故密不可分的重要步骤，是事故调查处理过程中的重要一环。事故发生后，调查组第一时间调查或关注的就是各级人员是否正确及时履行了自己的安全生产

职责，这是进行最终责任认定和责任追究的前提和基础。

翻开近年来的事故调查报告，你会发现给人留下深刻印象的关键词就是“处理”“追责”。特别是在发生较大或重大生产安全事故后，上级严令、舆论压力、社会声讨等诸多因素交织在一起，从严责任追究往往会成为压倒一切的呼声，也是社会上下关注的焦点，以至于一旦发生生产安全事故，上级单位的第一个动作就是对事故单位领导进行免职处理。有的调查报告过分强调事故发生后的处罚作用，动辄就列出几十人的追责名单，以此来强化事故调查的震慑作用，好像没有责任追究、没有撤几个领导就难以平息众怒，就无法给大家交代、没有完成调查一样，整个事故处理过程主要就是围绕责任追究进行。这种追责问责逐渐演变成事故调查的主要目的，成为事故调查报告的主线，一些人甚至把事故调查等同于责任追究。这实际上是歪曲了事故调查的本意。

现阶段对相关责任人员高调从严追责处理，从某种程度上来说是一种有效的震慑。要避免发生重复性的生产安全事故，重要的一条就是坚持论责处罚，把板子打到责任人身上。实际上，有些企业领导在责任追究问题上习惯“吼吼嗓子、摆摆架子、做做样子，鞭子高高举起，轻轻放下”；有的即使开展了问责也是避多就少、避上就下、避重就轻；有的大搞平均主义，相关单位各打五十大板，使主要责任人受不到教育和触动；也有的搞法不责众，把本应由个人承担的责任变成由集体承担，到最后谁也不用负责，责任追究成为空谈。对有关责任人不做处理，就是对其姑息迁就，这样很难使责任人深刻警醒并真正吸取教训。

应该说，经过多年实践，当前以责任追究倒逼安全生产责任落实的氛围已经基本形成，但也有一些企业领导坦言，自己高度重视安全生产工作，千方百计避免出事故，从根本上讲并不是出于对生命的尊重和对安全的敬畏，并没有从内心深处、从履职必须的角度，认识并接受安全生产主体责任，有的甚至坦言就是害怕发生事故会被追责才狠抓安全。不可否认，当前严格落实安全生产责任的氛围更多是在一级一级的压力传导和严肃追责的态势下形成的。各级领导已经习惯把“不出错”的履责底线变成履责追求，以工作太多无暇顾及安全履责等借口推诿塞责，或认为安全生产工作是上级要求，是额外任务，日常涉及的安全生产工作往往从领导到业务部门转个圈后又回到了安全监督部门，这是一种外部高压态势之下的被动履职，缺乏内生动力。

事故的发生意味着存在管理缺陷，围绕个人的责任追究显然无助于系统改进，只会让人更多地关注到底是谁要为事故“埋单”；同时，也很容易使企业从上到下对事故调查产生畏惧甚至抵触心理，发生事故后不是研究怎样吸取教训，而是研究怎样尽快将事情摆平，导致很多事故原因查找不到位，教训吸取不到位。越来越多的事实证明，一旦责任追责成为事故调查的主题或重要方向，就会相应增加调查事故真相的难度。

还有一种事故调查，在指导思路上就是按事故死亡人数追究各层级领导者的责任，这样的责任追究方式同样很让人无奈。在一般事故的具体责任划分上，人们习惯把目光集中到直接责任人和现场员工身上，并没有完全按照安全生产责任制和属地管理范围进行合理划分。往往有些干部在受到处分后，并不清楚自己在管理中到底哪个方面出现了问题，以后需要从哪个方面进行改进。更为普遍的是，许多事故调查报告与领导升职、工资总额、评优推先等挂钩，导致事故单位和相关人员由于担心自己或同事被追究责任而隐瞒事实或人为改变事故定性，从而无法通过事故调查获得真实信息。

现在还有一个引人关注的问题，就是事故调查组人员的组成。大多数企业都缺乏一支专业能力和安全管理水平“双过硬”的事故调查队伍，而最了解实际情况的业务管理部门往往在事故之后已经成为调查对象。那么，到底应该由谁来组织事故调查？现实情况是，许多事故调查组往往是由企业领导、安全监督部门、相关领域专家以及纪检监察等部门的人员共同组成，其中企业领导并不具备全面事故调查的系统判断能力，安全监督部门在调查中大多承担了“裁判”和“法官”的职能，起到了主导作用。这种人员配置，也在一定程度上强化了对于事故责任追究的力度，同时使得挖掘事故的深层次原因变得更为困难。

许多国外大公司认为，对责任人的处理不是事故调查报告的一部分，事故调查只需查明事故的根本原因、提出预防和纠正措施的建议即可。更重要的是，通过事故来深入识别和查找系统的安全缺陷，比惩罚个人对提升安全管理绩效更为有效。已经有专家指出，惩罚事故责任人并不会带来预期的效果。相反，出了事故的人在以后的工作中，很少会再犯同样的错误。因此，有些意识超前的单位开始推行一种“不谴责”的安全理念。

事实已经证明，单靠谴责、追究责任的“负激励”管理方式，并没有对员工违章行为形成有效的约束，反而使员工感觉到不受尊重和不被信任，于是“不谴责”安全理念应运而生。其含义为，在安全管理、事故调查等工作中，不是只单纯强调和归咎员工个体的失误或错误，而是通过行为安全观察和系统安全分析，查找管理体系和深层次的问题，从而提高整个系统的安全风险管理水平。通过“不谴责”安全理念的推行，从单纯强调个体责任到分析管理体系问题，从同一违章现象中找出各种不同的原因和复杂的背景。与主要靠谴责和追究的做法相比，“不谴责”安全理念不再单一地强调是谁的责任以及违反了什么规定，而是查找问题根源及系统地解决问题。

事故调查的目的不是归咎责任，而是要找出事故发生的真正原因，从中吸取教训和总结经验，从而预防事故再次发生，这是国外事故调查所普遍具有的理念。他们认为，对责任人的处理应该由企业人力资源部门基于事故调查结果、依据既定的人事和法律政策确定。

欧盟理事会指令中有一条很独特的规定，即“调查的范围必须取决于为改善安全而渴望从调查中得到的教训”，即调查的重要性和范围不取决于伤亡多少人，而取决于可以从事故调查中获得多少经验和教训。这一理念正好反映了以促进安全为目的的调查机制。国际民航组织认为，事故调查的唯一目的是找出事故发生的可能的原因，以防止类似事故再次发生，而不是为了认定或归咎责任。美国国家运输安全委员会（NTSB）的法规规定：“调查是为了确定与每一起事故有关的事实、情况和细节，即可能的原因，从而定出最有助于将来防止类似事故再次发生的措施。做这些调查的目的不是确定任何人的权利或责任。”

借鉴国际通行做法，在企业事故调查方面有两种做法我们可以参考：一是集团层面设立以各方面专家组成的、独立的生产安全事故调查机构，既要覆盖技术层面又要覆盖管理层面，其任务就是结合事故暴露出来的问题，挖掘管理方面的深层次原因，由该调查机构对所有下属企业统一发布安全提示函，将有参考价值或带有普遍教育意义的事故报告在所有下属企业和项目中进行交流和沟通，在全系统进行预警。二是明确责任追究不再作为事故调查的一部分，在事故原因调查结束后，再由事故企业的人事部门、安全监督部门和监察部门等组成独立调查机构出具责任追究报告，对相关责任人员进行处理。

通过这种方式最终把事故调查和人员追责区分开来，可以最大限度地还原事故真相以及吸取事故教训。

四、事故都是本来不该发生的低级错误引起的，没有“高低上下”的区别

有专家感叹：“我们在安全生产上犯的错误越来越低级。”从多起重大事故中都可以看到，整个作业链条层层失控，一道道监管防线相继被突破，它们不同程度地反映出企业安全基础工作全面下滑，干部职工思想松懈麻痹、盲目乐观……从管理角度来看，所发生的安全事故几乎都是由低级错误造成的，事故原因几乎都是有法不依、有章不循、有禁不止，无视操作规程，因而这些事故都是不应该发生的、可以避免的。每次总结事故教训，经常听到的就是：“这是一次本不该发生的、非常低级的事故，很简单的施工、很简单的工艺、很简单的过程，竟然发生这样的重大事故，实在是不应该，更让人无法容忍！”

深入剖析已经发生的那些大大小小的事故，几乎很少是由技术条件达不到或技术规范、操作规程缺失造成的。安全生产不需要高深的理论，也不需要强大的技术体系支撑，事故的发生没有可以原谅的借口，都是本来不该发生的低级错误；事故的预防也不需要什么尖端的技术，只要严格按照操作规程、操作步骤作业就可以实现，但在实际生产经营

过程中，这已经是一个很高的标准。

一直以来，困扰企业安全生产工作的一个突出问题就是，严格不起来，落实不下去。这一现象背后的一个重要原因就是安全控制力的衰减。安全管理重点在基层。对于基层的违章现象和违章行为，如果各级管理者在初期不能有效制止就会愈演愈烈。以习惯性违章为例，这是在某项作业中逐渐形成并被一定群体或个体所认可的、经常性的违反安全规定或程序的一种行为。其显著特点就是在日常操作过程中图省事、走捷径，“低级错误”形成习惯，对老毛病、坏习惯熟视无睹，通过牺牲安全性来追求工作中的所谓“便捷性”，因此很容易被那些安全意识淡薄的员工所接受，特别是在侥幸没出事故的情况下就更容易让人跟风效仿，甚至被当成“工作经验”加以传播。

一项针对企业基层的调查发现，当前严重“三违”现象正逐年减少，一般“三违”现象却逐渐增加，“犯点小错误没关系”的思想在员工中仍普遍存在。“上班就是挣钱”的偏颇认识还有一定市场，而员工文化程度的高低与“三违”的发生成反比。当然，还有一个不容忽视的重要因素就是一些基层管理干部不能以身作则，在现场强行要求员工违章作业，甚至不考虑作业现场的实际状况就随意安排任务。“不违章就不能干活，不违章就完不成生产任务”，堂而皇之地成了违章作业的借口和理由。一些基层领导坦言：“有过违章指挥情况，根据以往的经验，感觉不会出问题。”实际上，这种出自领导干部的管理违章所造成的影响更为恶劣。在对一线员工的调查中，55%的人承认自己有过违章操作，同时不少人也认为“违章也不一定出事”。如果违章操作得不到及时纠正，员工就会认为冒险作业是可行的。这在无形中对员工安全行为起到潜移默化的误导作用。

违章不一定出事，但出事肯定是因为违章。墨菲定律提醒我们，容易犯错误是人类与生俱来的弱点，不论科技多么发达，事故都会发生。人的行为往往会按照原有的行为轨迹固化为习惯。因此，习惯性违章已经成为当前安全监管中最普遍、最难解决的问题。多少次习惯性违章都没有事，为什么就这次出了事？员工的侥幸心理使其对违章现象熟视无睹。也有人片面地认为，简单的工作安全风险就小，实际上复杂工作与简单工作的机理是一样的，引起严重事故的动作没有简单与复杂、重要与不重要、层次高与低之分。一些问题表面看来可能是小毛病、小问题、小隐患，但后果可能很严重。相对来说，复杂的、技术难度大的工作，各级领导一般都会高度重视，提前进行周密安排和风险评估，由基层领导或者工程师亲自带队，因此一般不会出现什么问题，反而是简单工作容易被忽视而埋下事故隐患。因此，人们常说安全生产没有关键、没有重点，因为哪里都是关键，哪里都是重点，而发生事故的地方往往就是我们最容易忽视的地方，或者认为最不该发生事故的地方。

施工现场每天重复无数次的循环作业，多少年都安然无恙，但就是那一天出了问题，原因就是一次习惯性的违章。因此，对这种惯性违章，不能习惯性地听之任之。现代管理观念认为，最有效的管理往往是最简单的。了解国外企业安全管理的人都知道这样一个事实：这些企业虽然有一个繁杂的管理体系，但对于现场违章的处理都有一项十分简单的规定，那就是直接解除工作合同，就是要靠制度带来切实的约束——约束造就规范的行为——行为的重复沉淀为意识——意识的提高帮助制度的落实，这种循环往复的过程就是强化规章制度落地的过程。壳牌公司有十二条救命法则，实际就是我们许多企业的违章禁令，如果违反这十二条救命法则相当于自主选择放弃在壳牌的工作。目前国内一些企业也纷纷制定了反违章禁令，虽然在实践中很难对违反禁令者做出直接开除的处罚，但在员工思想上拉起了一条不敢轻易逾越的红线。

恩格斯在《论权威》中说，“进门者请放弃一切自治”，提出“进入工厂，请放弃您的一切自由”。进入工厂，只能有规定动作，不能有自选动作。事实上，只有严格规范每个人的行为，生产安全、生命安全才能得到保障，员工个人才能获得最大的自由。

五、管事故管不好安全，但管事件可以管得住事故

未遂事件在国外经常被称为“阴影中的安全”，被认为是上帝送给我们的礼物。稍有一点安全生产知识的人都知道，未遂事件和某些重大事故相比，发生、发展的机理几乎是一样的，所差的仅仅是一点偶然因素。从事故金字塔来看，未遂事件与事故之间、一般事故与重特大事故之间，普遍存在着一定的概率关系或者说存在一定的关联性，明显地反映出一种从量变到质变的过程。当前者积累到一定数量时，就可能导致后者的发生。因此，未遂事件常被认为是事故的前兆，被有关专家称为“低成本的学习机会”。越来越多的企业安全监管者已经认识到，降低重特大事故发生概率要从控制一般事故和未遂事件着手。

对于一个企业而言，只有发生重大、较大亡人事故或者有较大影响的事故，才可能会影响到企业的安全业绩，进而影响到管理层领导的经营业绩、效益提升和晋级机会。因此，几乎所有企业领导者都特别关心并试图控制重大事故以及亡人事故的发生，很多轻微伤害和未遂事件却很少有人关注、报告和纠正，大多听之任之，主动上报事故事件的员工有时甚至会被视为自找麻烦的人。在企业基层，事故事件多与员工工资

福利、评优推先等挂钩，甚至成为先进企业评选最为关键的一项指标。上报事故事件多很可能会影响个人和单位利益，这就使得基层企业缺乏主动上报安全事件的积极性，对查证的问题也会多方疏通、极力掩饰，试图蒙混过关。

在事故事件统计方面，一些人仍然抱着“把别人的事故当故事，把自己的事故当秘密”的观念，出了事故事件，不是从根本上查找原因，对症下药，而是文过饰非、遮遮掩掩，只要没有造成严重的人员伤害、没有造成设备严重损坏或者工艺中断，未遂事故、事件记录就不会被保留，从而使企业总部无法通过事故事件调查获得真实全面的安全生产信息。

在许多国际大公司，事故事件被认为是公司的宝贵财富，应该让所有的人分享学习，公司会将有参考价值或带有普遍教育意义的事故事件在所有项目中进行交流，定期发布覆盖全系统的 HSE Alert（健康、安全与环境报告）。许多公司明确提出要培育“诚实、公正、信任、参与”的安全文化，就是要确保实现各类事故事件的全面报告和分享。如实报告各类事故事件，根据事故调查结果和公司人事管理制度可能会承担一定的责任，但如果瞒报、谎报事故则会因违反“诚实”（企业的核心价值观）原则而受到严厉的处罚，甚至会被开除。

按照“管住事件，就能管住事故”的理念，国外企业习惯狠抓虚惊事件管理，建立正向的激励机制，提倡报告事故事件是对公司的贡献，报告隐患和未遂事故事件是全体员工的义务，鼓励员工通过各种途径把安全问题与想法反映上来，深挖细找并主动报送。通过不断完善事故事件报告和统计制度，公司上下建立起畅通且简单的报告渠道，比如建立在线事故事件报告系统、设置事故事件报告卡箱等，员工可随时随地在线填报，也可以在工作场所设立的报告卡箱中随时取卡填报，然后再由专人收集后填报到系统中。

同时，公司不断完善事故事件报告跟踪和反馈制度，只要看到事故事件报告，业务主管就会立即跟踪、调查并进行处理，防止其演化成生产安全事故。日常通过简单直接且有意义的方式，及时将报告处理结果反馈给报告人，并给予其口头表扬，以保护其报告的积极性；在日会或周会上对好的报告进行讲评，通过颁发T恤、帽子或纪念章等小纪念品的方式进行物质或经济奖励，鼓励员工积极干预和报告，着力提升员工安全意识和安全素养。

只有先把底层、一线的各种安全信息收集上来，获得大量真实有效的基础数据，并对各种未遂事故事件信息进行统计分析，企业才能透过现象看到事物之间内在的、本质的联系，找出潜在的联系和规律，领导者才能对整个企业安全管理及时提出相应的对策，弥补缺陷、堵塞漏洞并进行有效改进。

50万元奖励基金为什么发不出去？

某单位为了鼓励员工大胆进行风险识别与隐患报告，建立了一项安全隐患报告奖励制度，并专门设立50万元奖励基金对发现隐患的报告人进行奖励。然而，到兑现时这50万元奖励基金只发出去10万元。果真没有隐患吗？在一次安全检查中，该单位一个车间现场就查出5处隐患！一方面是隐患大量存在，另一方面却是隐患无人报告。这一事件的背后，有许多值得人们警醒与细细咀嚼的东西。要解决50万元奖励基金难以发下去的问题，还要依靠领导观念的转变。对于一个单位的领导者而言，要鼓励员工通过各种途径把安全问题与想法反映上来，只有了解了底下的不安全行为、因素，才能针对整个企业的安全管理工作做出规划，制定整改措施。比如，有的单位做出硬性规定：每个月每个员工必须提供20条隐患信息，这是雷打不动的任务。这种探索不一定科学，但至少是一种有益的尝试。隐患查找是对企业负责、对社会负责，某种程度上更是对自己和同事负责。要知道，安全首先是员工自己的事，你识别出一个隐患，就多一份安全。当这种认识和理念普及之后，50万元的隐患报告奖励基金就会僧多粥少。

自下而上的信息反馈是实现有效控制的前提，没有及时有效的信息反馈，管理者就无法实现对各种违章行为的掌控和纠正。有钱不愿领，反映出员工当中普遍存在的一种“怕疼、遮丑”的心态，给领导看的都是成绩，实际隐藏的都是问题，各级领导比“摆平”的本事，学“抹平”的技巧，“报喜不报忧”已经成为很多人长期信奉的处事原则。从某种程度上来说，正是员工的这种心理助长了重大安全事故的滋生。

实施事故事件上报的初始阶段，各级领导要对如实上报后事故事件数量激增、绩效统计数据变差有一个正确、清醒的认识——这是以前没有充分报告的结果。一位国外的HSE专家特别指出：员工主动报告的安全隐患多，并不代表你的问题多，而是说明员工的风险识别能力强。对隐患应该公开而不是隐瞒，这是观念的问题。假以时日，通过员工报告获得的主动性、预测性信息会越来越多，企业的安全管理由围绕事故的被动管理逐渐向围绕风险隐患、未遂事件的主动管理转变后，后果严重的亡人事故、较大事故必然会逐渐减少，安全绩效必然会显著提高。

在此基础上，应逐步丰富完善企业层面的事故事件汇编，建立事故事件数据库，加强对各类事故的汇总分析，通过对典型的、有代表性的事件进行分析，形成一定阶段、一定领域的安全风险预警曲线，定期提炼防范主题，发出预警信息，并在实践中探索把事故事件转变为全系统安全经验分享活动的有效做法。这样，企业通过员工的事故事件上报，不断深入开展安全自查活动，鼓励“揭短”“讲真话”和“不回避问题”，变“个人教训”为“众人财富”，真正把工作重心聚焦到违规违章、轻微事故、“急救箱”事件等各种损工和限工事件方面，真正做到把小事故当成大事故来对待、把苗头当作问题来重视、把征兆当作事故来处理，最终实现抓小防大、防微杜渐。

六、企业要提高整体安全管控水平，必须从强化承包商监管入手

企业要建设一个工程项目，选择由下属企业或者外部企业进行承包。一般情况下承包方都是从各方面抽调人员和设备，组建领导班子，即项目经理部和施工队伍，工程一完工就自行解体。

随着企业的快速发展，承包商的形式越来越多样化，有些行业承包商人员数量甚至有超过在职员工的趋势。随之而来的是近年来承包商安全事故多发频发，许多大型企业的承包商事故已经占到事故总量的一半以上，特别是一些较大和特大事故大多发生在与承包商有关的作业环节。因此，控制和减少事故，必须从引入承包商环节入手。承包商作为一种临时性的组织形式，使施工人员思想上的临时观念、工作中的短期行为较为普遍，一旦发生事故，承包单位出于自身经济利益的考虑，往往隐瞒不报、花钱私了或者是以赔代处，而建设单位作为甲方大多采取

“以包代管、以罚代管”等简单、粗放的管理方式，让承包商安全管理体外循环，放任自流，甚至还存在违法分包、非法转包现象。

承包商安全问题难抓难管，是许多企业面临的“老大难”问题。其中一个重要原因就是有些项目启动之初合同规定的工期就不尽合理，甲方“拍脑袋”定工期，“后墙不倒”的要求导致施工中跨越程序、降低标准、倒排工期现象屡屡出现，边勘察、边设计、边施工的“三边工程”屡禁不止，大干快上、打破常规成为常态。近年来发生的多起承包商生产安全事故都与“赶工期、追进度”的甲方要求有关。

造成承包商事故大幅上升的另一个原因，是一些看似合法、实际不具备相应能力的假冒资质、借用资质的分包商进入施工现场。一些甲方单位没有承担起建设项目安全生产监管的主体责任，在招投标管理、入场教育、安全交底、开工前安全审计、现场监管等环节大都重资质审查、轻能力确认，简单以最低价中标，导致出现“大资质、小队伍”、投标承诺的管理和作业人员不到位、施工方案审批不严格、承包商关键岗位人员变更失控等诸多问题。许多企业在生产流程中没有把承包商纳入企业统一管理、统一要求、统一标准，在资质准入、业绩审核、过程控制，以及产品入网、安全生产性能论证等方面存在管理漏洞。

整体上看，当前企业层面承包商安全监管缺少成熟机制，既不系统也不规范，主要表现就是签订了安全生产合同但缺乏过程监管、突出了资质审查但没有全面业绩考核、强调了队伍准入管理却没有建立完善的退出机制。有些甲方和业主认为，已经与对方签订了安全合同，安全责任已经随之转嫁出去，并以此作为事故发生后推诿的借口。这种想法过于简单。实际上安全生产有主体责任、监管责任等多种形式，签订施工和安全生产合同并不等于全部转移安全生产责任，业主或甲方单位的属地责任、监管责任、培训责任任何时候都不能回避，什么时候也推卸不了。这就和授权并不意味着授责一样，虽然你授权别人驾驶你的车辆，但一旦发生事故，车主的责任照样不能避免。

承包商管理就像一面镜子，直接折射出的是甲方和业主的管理水平。大多数企业的承包商安全管理基本上还处于主要依靠甲方监管的被动阶段，存在习惯性的依赖心理，其安全表现一般随着业主监管水平而起伏波动。许多企业选择消极回避承包商责任，往往会带来社会舆论的巨大压力。英国石油公司钻井平台爆炸事故发生时，英国石油公司时任总裁海沃德曾表示，钻井平台是英国石油公司向瑞士越洋钻探公司租赁来的，英国石油公司不应该承担全部责任，但此后无论是美国政府还是有关受害者都依然认定英国石油公司有不可推卸的重大责任。因此，当前甲方业主通常会以更加积极的态度来主动承担安全事故责任。

首先应该明确，项目建设单位就是承包商安全监管的主体责任部门，其职责就是要选择资质健全、实力匹配、业绩良好、服务优良的承包商进入企业市场，以确保所有进入系统内的承包商都统一纳入公司安全管理平台，执行统一的安全标准，建立统一安全业绩档案。承包商出了问题，首先就要追究主管部门（建设单位）的主体责任，对承包商发生的生产安全事故，要对建设单位同等追责，实行“一事双责、一事双查”。同时，要切实关注项目投入这个很现实的问题：只有给予承包商足够的服务费用，才能对其提出足够高的作业质量和安全管理要求。即便在低成本环境下，也应充分保证对安全的投入，这是项目建设单位的重要责任。一旦发生事故，安全生产费用的保障投入问题应纳入事故调查的范围。

承包商管理是一项系统工程，涉及项目立项、招标选商、现场施工及业绩评价等多个环节，需要多个部门进行联合监管。要在实践中认真厘清企业相关部门在各个环节的责任，加强统筹规划协调联动，不断健全承包商监管联动机制，形成一方为主、多方联动、齐抓共管的管控格局，坚决杜绝“都管都不管”的现象。针对承包商雇员流动性大、人员安全意识淡薄、安全培训投入不足、培训模式单一等问题，应明确岗位准入门槛，把岗前、在岗、离岗培训有机结合，进一步提高对承包商的安全管理培训质量。

此外，可以考虑借鉴一些国外大企业的有效做法。在招标选商环节，建设单位就要明确项目安全风险和管控要求，要求承包商单位在技术标和商务标之前提交安全标作为第一标，对入围的承包商单位开展专项安全评估，如果安全标没有通过就不能进入后续招投标环节，把好承包商准入关；在现场施工环节，建立由建设单位主导、承包商参与的联合安全委员会，健全完善承包商监管的制度、流程和标准，明确安全监管级别、频次、内容及安全监督人员派驻等要求，严格开展开工前安全审计，做好施工现场的监督检查工作；在安全绩效评价环节，要进一步做实承包商业绩评价体系，将承包商工程业绩、安全能力评估、信用评价等情况作为承包商评标选商的重要依据，建立准入、招标、选商以及作业前安全能力评估、过程质量安全监管、年度综合评价等紧密相连、环环相扣的闭环管理体系。

承包商问题不彻底根治，企业安全生产将永无宁日。当前还有一个更深层次的原因，就是一些承包商事故背后的各种利益错综复杂，生产安全事故与各种经济利益因素相互交织，特别是在选商用商、招投标程序等方面隐藏着诸多违法违规和渎职行为，一些建设单位应招标而不招标，违规指定承包商、违法转包，甚至肢解工程项目以达到违规分包的目的。如不是发生事故介入调查，很难发现这种违法违规现象。可以考虑一旦发生承包商事故，就让企业纪检监察部门直接参与事故调查，深入调查事故背后的深层原因，尽快建立承包商违法违规行为的惩戒威慑机制，这样才能从根本上解决这一颇具隐蔽性的复杂问题。另外，企业要建立承包商管控情况定期通报制度，对违规引入、监管混乱、以包代管的情况给予通报批评或严厉处罚，对列入“黑名单”的承包商要在全系统范围内公示，若干年内不得在系统内从事相关作业活动，以确保达到惩处一家、警示一片的效果。

附件

兰州石化公司实施安全积分考核机制强化承包商管理

兰州石化公司根据承包商安全管理现状，建立实施安全积分考核机制，对外来承包商作业过程的监督检查结果，参照“驾照扣分”模式对其进行量化考评，实现动态考核。安全积分考核机制是在运用安全问题数据库的基础上，对承包商单位及其作业人员进行分级和考核的一种管理办法。

（一）安全问题数据库的建立和运用。依托大数据技术等信息化手段，依据法律法规、标准规范及公司的各项规章制度，以及违章现象特征，建立安全问题数据库。对问题进行分类，形成大类问题和子类问题，对子类问题按违章行为可能导致的后果的严重程度，将其划分为“轻微”“一般”和“严重”3个等级，并赋予各等级相应分值，为监督检查结果的量化考核提供依据。在对作业现场进行监督检查的过程中，监督人员只需将现场发现的外来承包商人员违章行为录入考核系统，由系统对照问题分类和对应分值自动进行扣分，大大提高了安全监督工作的效率。

（二）承包商单位分级和考核办法。根据承包商服务内容、服务周期和参与服务的人员多少，业务主管部门可根据综合因素，赋予承包商每个考核周期 10 分、30 分、60 分、100 分多个档次的差异化的总分值。然后根据其作业人员的违章现象，依据安全问题数据库的要求扣除相对应的分值，定期分析原因、研究对策和评比考核，并将结果进行公示。

（三）作业人员分级和考核办法。业务主管部门和属地单位根据作业人员的服务时间、内容和技能等级等相关条件，按照其所持入厂证的周期，赋予每个承包商作业人员 3 分、6 分、10 分的总分值，对其违章行为对照公司安全问题数据库中的分值进行考核，将那些安全意识淡薄且技能较差、习惯性违章较多的人员挡在企业大门之外。

困局六

安全监管永远无法延伸到所有领域，无法覆盖全部作业现场。监管解决不了所有安全问题，只有从文化方面来寻找出路。安全文化是安全管理的折射，是安全生产制度的有效支撑，而这方面在实践中恰恰是最容易被忽视的。

——安全文化的塑造和培育是一种更有深度的管理。

◎ 一、一个企业的安全管理始终在低水平徘徊，肯定是这个企业的安全文化出了问题

◎ 二、安全生产是最能考验和反映执行力的工作，几乎所有安全问题都与执行不下去、落实不到位有关

◎ 三、人是安全生产的第一风险，人的风险仅靠增加投入、完善制度和强化监督难以从根本上消除

◎ 四、培训即管理，管理即培训，安全培训与岗位技能培训必须一体化

◎ 五、本质安全是一种管理新境界，就是让员工没有办法、没有机会犯错

要实现企业的安全生产，一年两年靠运气，三年五年靠管理，长治久安必须靠文化。制度的背后是文化。制度的力量是有限的，文化的力量是永恒的，特别是在缺少“红头文件”等各种有形管控的情况下，文化这种无形的管控更为重要。

西方领导科学认为，领导力的形成依赖三大要素：一是恐惧，二是利益，三是信仰。恐惧迫使人们服从，利益引导人们服从，而只有信仰才能使人发自内心地服从、自觉自愿地服从、死心塌地地服从。其间信仰所发挥的作用，是最根本的。安全文化就是这种信仰的有效载体。文化具有教育、渗透、激励等功能，可以潜移默化地规范员工的思想和行为，可以充分发挥其特有的行为习惯约束功能和整体发展推动功能，增强员工对企业的归属感和认同感，赢得最广泛的群众思想和意识基础，是企业安全生产的治本之策。

安全文化就像一只看不见的手，凡是脱离安全生产的行为都会被这只手拉回到正常轨道上来。安全生产的根本是安全文化，安全文化的核心是持续提升人的素质。提高员工安全意识，让员工从思想上认知安全，实现人的本质安全化，才是安全管理的最高境界。

许多企业领导常常会陷入深思：为什么各级领导高度重视安全生产工作，采取了一系列强化措施，而重大事故仍得不到有效遏制？为什么人人都明白事故危害人身和财产安全，甚至危及人的生命，而我们不少员工仍漠然视之？

就好比闯红灯，大家都知道闯红灯有生命危险，但依然有人我行我素。一个连交通规则都无法遵守的人，一个连对自己的生命都不负责任的人，谁能保证其在 8 个小时的工作时间里能够严格执行企业的安全生产制度？从上到下，无时无刻，都有人在为安全生产苦口婆心地讲说，反复灌输，天天强调，然而为何不少企业员工中仍存在“安全教育老一套，你作报告我睡觉”的现象？

国外很多公司将安全记录作为雇用员工的条件之一。如果一个人出于安全原因被公司解雇，这个不良记录将使他从此被职场抛弃。所以每个人都会很认真地执行企业各项安全生产制度。目前我国许多大型企业特别是国有企业，员工大多能进不能退，一个员工因为安全生产违章被开除辞退的可能性微乎其微。

一种明显违章的错误行为，从偶尔为之到习惯性为之，从试探性地“打擦边球”到肆无忌惮地违规，必然有其深层次的原因。多年来的惨痛事故历历在目、触目惊心，因事故被追责的人员不可计数，但仍然无法阻挡一些员工违章违规的脚步。可以说，企业多年来一直强调和依赖的安全监管方式已经左支右绌，必须从更深层次的文化角度来寻找答案和出路。

对于一个没有良好安全习惯的老员工，即刻强制性地要求他严格遵守各项安全管理制度肯定会比较困难，也容易激发其逆反心理。最好引导他主动做出一些相对简单的安全行为，一旦他接受了这样的安全行为要求，就会逐渐影响他的态度，这样一来他会更容易接受一系列安全要求，从而达到不断强化企业员工安全意识的目的。

这是一种最为简单的安全文化建设过程，也是一道建立在所有员工思想深处的最牢固的安全防线。

一、一个企业的安全管理始终在低水平徘徊，肯定是这个企业的安全文化出了问题

许多企业经常会有意或无意地把安全生产工作分为两种类型：一种是下发文件、召开会议、组织安全检查、进行考核问责等有形的工作，这些是安全管理的“硬指标”，容易操作，便于统计且容易收到立竿见影的效果；另一种是无形的工作，比如安全理念渗透、安全环境塑造、安全意识培养、安全制度落实、安全氛围营造等，这些统称为安全文化建设。文化具有长期性、滞后性的特征，因而其成效很难在短期内显现出来，于是不少企业对安全文化建设的意义和作用认识不足，片面认为企业安全文化建设耗时长、费力大，难出成绩，感觉其可有可无、作用不大。甚至有企业领导者认为，安全文化是形式主义的“花架子”，是大做“虚功”的表面文章，即使有的领导者口头强调也只是为了求一时的轰动效应，缺少深刻内涵和具体行动支撑，久而久之也就失去了效果。

在安全生产严格监管阶段，强调的是约束、控制和事后处理追责，而缺乏对员工自觉性的培养和启发。换句话说，在安全生产工作中，仅靠实打实、硬碰硬的指标和制度进行管控是不够的，还必须从更深层次、更宽领域上来认识和把握，这就需要借助文化的力量。文化主导人的行为，行为主导态度，态度决定后果。建立企业安全文化就是要让员工在安全的环境下工作，并逐渐改变其态度和行为，这个使员工行为改变的过程就是安全文化塑造的过程。

人们在安全观念、安全行为、安全管理方面锲而不舍地修止、强化，达到一定的境界，即形成安全文化。目前对安全文化还没有一个确切的定义，但其基本内涵是相对固定的，那就是安全文化体现了一个企业所有员工对安全的态度、思维及行动方式，是企业安全价值观和安全行为准则的总和。安全文化本身具有的导向、激励、凝聚和规范功能，能渗透到每一项政策要求、规章制度和工作标准之中，它不断地扩展外延、丰富内涵，通过提炼与升华，成为一种精神产品，指导员工行为，逐渐引导每位员工把制度约束升华为一种职业安全道德，并从观念上、行为上给予认同和接受，自动自发地将安全理念融入具体的工作步骤中，强势扭转长期固化于员工身上的不良安全习惯。

安全文化建设不是一阵风，不可能一蹴而就，而是企业一项基础性、战略性的工程，是企业安全生产中对安全技术措施和安全管理措施的有效补充。专家提出，安全文化不是现时的消费，而是一种有效的长期投资，能够在潜移默化中深入人心并有效提升员工的安全素养，促使员工形成遵章守纪、标准化作业的良好安全行为习惯，并逐步在各级员工的意识中深化、在企业的制度中固化、在员工的行为中强化，使遵章守纪被内化为企业员工的一种素质、格式化为一种近乎本能的动作。这样，借助文化所特有的持续影响力和广泛渗透力，使员工在从事每一项生产管理活动时都能够感受到安全文化的引导和控制，形成“不能违章、不敢违章、不想违章”的自我管理和自我约束机制。这就是文化的力量。

实质上，安全生产也是对员工自身的一种尊重。企业广大员工既是安全文化的建设者，也是安全文化的最终受益者。没有全员参与，安全文化不可能“枝繁叶茂”。要建设底蕴深厚、影响深远的安全文化体系，必须赢得最广泛的群众思想和意识基础，但企业安全文化能否最大限度地得到员工的认同，很大程度上取决于企业自身安全理念的渗透效果。

安全理念是安全形象化的内核和精华。成熟的安全理念是安全文化的核心。各种符合本企业生产特点的安全理念在被挖掘、提炼、推广、渗透之前，只被企业少数人全面掌握，而要将其变成全体员工的共识，必须建立健全完善的理念渗透机制，强化安全形势任务、安全制度法规和安全亲情教育，突出情感尊重和人文关怀，促进安全管理和谐，推进安全生产工作由“被动要求”向“自我需求”转变，从“全员参与”向“全员主动执行”转变，实现制度“刚性规范”和文化“柔性引导”的有机融合，从外迫型安全管理转变为内激型安全管理，形成自动自发、共识共为的安全合力以及安全文化人人共建、安全成果人人共享的局面。这是安全生产最强大的保障和最广泛的基础。

安全文化是有沉淀的。人们常说企业安全生产监管一般会明显受到领导人员风格的影响，安全监管水平、监管力度往往随着企业主要领导的职务调整而起伏变化，这使得国内许多企业安全生产工作明显带有企业主要领导人的性格特征，这实际上也是安全生产工作的一个重大风险，而安全文化建设恰恰是改变这一局面的最好实践。尽管每一个企业领导者都会在任职期间留下自己的安全文化烙印，但他对整个企业以至整个系统安全文化的影响不会因为某个个体的抽离戛然而止。

二、安全生产是最能考验和反映执行力的工作，几乎所有安全问题都与执行不下去、落实不到位有关

在许多人的印象中，安全文化建设就是简单地组织一些员工广泛参与的、与安全生产相关的文化活动，比如安全文化手册、安全档案、安全日志、安全警句、全家福照片、“亲情卡”、夫妻安全协议，以及安全宣誓、签名等，还有一些企业尝试向“三违”员工家庭下达安全通知书，让其家人陪同参加安全学习班，签订安全互保合同，这样来扩大安全生产的社会效应和家庭效应，从不同层面推动员工由“企业人”向“安全人”转变。

应该说，这种活动确实可以起到点滴渗透、潜移默化地打动人心的作用，但如果认为这就是安全文化，这种认识明显过于肤浅。事实上，不同地方的文化特质，就会培育出不同内涵的安全文化。欧洲安全文化讲究“制度至上”，日本安全文化追求“本质安全”，美国安全文化强调“人本主义”，都具有先进安全文化的典型特征。就当前国内企业的现状来说，安全文化的核心应该是执行力的文化。安全文化建设，从根本上讲，就是企业强化对各种安全制度的执行力。安全文化培育执行力，就是培育安全生产的权威。

执行力就是贯彻战略意图、完成预定目标的能力。简单来说，就是把思想变成效果的能力。“把信送给加西亚”是西方关于执行力的一个

经典故事，还有一个大家可能都听过的故事：有一个企业经营不善，事故多发，濒临破产，无奈请来一位管理经验丰富的德国人来管理企业。企业员工翘首盼望这位重金请来的德国人能带来令人耳目一新的管理方法，但出人意料的是，这位德国人来了之后，什么都没有改变，他只对企业员工提出一个要求，就是把先前制定的制度坚定不移地贯彻落实下去。结果不到1年时间，企业就扭亏为盈。所有人都发出感慨：管理其实并不难，把每一个细节都落实到位了就有了成功的基础。

无法可依是管理的无奈，有法不依是管理的悲哀。从某种意义上可以认为，有法不依比无法可依的后果更加严重。

安全生产工作是一项最能考验执行力的工作。现在很多事情不是没有部署，不是没有措施，也不是没有规定，问题的症结在于有目标、有规划、有措施却没有执行，或者制度执行不规范、不彻底，执行力层层衰减。现实工作中有些安全生产问题反复强调、反复分析却又反复出现，共性问题重复发生，安全的理念、政策、制度空转，实践中被同一块石头多次绊倒，有章不循、有令不行、有禁不止，其根本的原因就是执行力不够。

特别是当前许多企业的安全生产监督部门与其他部门的联动机制尚处于探索阶段，还未形成制度性成果，左右协同、横向贯通还需要进一步强化，而且不同程度地存在分工不明、责任不清、衔接不畅、配合不力等各种问题。其主要表现就是，立体、全面、系统的安全生产管理思路难以贯彻，“一竿子到底”的穿透式管理难以实施，特别是跨业务、跨部门协同高效的局面难以实现，或者“深不进去”，或者“跳不出来”，成为各种生产安全事故多发频发的内在深层原因。

企业管理最大的黑洞就是没有执行力。一些企业领导者以为开会了、讲话了就是重视了，文件转发了就是完成任务了。更有一些领导者强于认识、弱于行动，说起安全生产来头头是道、夸夸其谈，但落实起来大打折扣，无从下手。从上到下，一级说给一级、一级批给一级，层层发、层层转，却少有企业把上级的安全生产要求一项一项结合企业实际考虑制定具体的落实措施，甚至个别企业对国家三令五申、耳提面命的各种安全生产要求置若罔闻、无动于衷。

为什么企业各级领导都不愿意抓落实？就是因为抓落实必然会触及安全生产实践中的矛盾和问题，就会惹麻烦甚至得罪人。一些企业领导者习惯于做老好人，做事瞻前顾后、畏首畏尾，缺乏敢于负责、敢于较真、敢于担当、大胆推进工作的魄力和勇气，而做表面文章、摆花架子是最容易实现的落实，也是最没有价值的执行。执行力是一种能力，同时也是一种态度。能不能干好是能力问题，想不想干好是态度问题。没有能力、没有态度，“执行力”就无从谈起。因此，抓落实、抓执行首先需要的就是勇气和担当。

安全生产没有任何借口。多年的实践证明，在安全生产工作中总是给自己找借口推诿、扯皮的领导，肯定不是称职的领导，安全生产工作肯定也难以搞好。“没有任何借口”的美国西点军校校训，体现的就是一种一丝不苟的执行力、一种认真负责的态度、一种义不容辞的责任。建设以执行力为核心的安全文化就是要强调对安全问题一盯到底，安全措施一落到底，安全责任一追到底。这种贯彻执行不能浅尝辄止，更不能见硬就回，既不能停留于文件传达，也不能满足于一般号召，要结合企业实际想方设法将安全生产规程和制度变为可操作的具体措施，真正落实到生产经营的各个环节。

提高安全生产执行力不能只靠喊口号。衡量企业执行力强弱的一个重要标准就是行为是否体系化、制度是否流程化和标准化。有时候，国家有关部门和企业集团总部会提出原则性要求，让各单位根据本企业实际情况灵活掌握，这种执行中的伸缩性对企业各级领导是一种考验。为保证执行到位，应逐步建立一整套科学的、针对性和可操作性强的执行力绩效管理体系，对各项安全生产制度“执行与否”“执行得怎样”要有明确的衡量标准，使每个人都能够轻松、清晰地对照执行和检查。只有这样，才能有效杜绝工作中的随意性。同时，大力探索把安全文化建设有效融入安全生产管理流程的方法，把制度规范和行为养成有机结合起来，通过健全系统的措施保障体系、责任落实体系、监督考核体系和奖罚激励体系，将衡量成效的尺度变直，将推进落实的措施变硬。其中最重要的就是要坚持领导干部带头干，一级做给一级看，一级带着一级干，对决定了的事情要雷厉风行抓紧实施，部署了的工作要马上加强督查、严格问责，牢牢守住安全生产的底线。

要让时针走得准，必须控制好秒针的运行。车间、班组是企业安全生产运行的基层组织，是各项生产工作的直接执行者和实现安全生产的重要载体，所有安全理念、任务目标和风险管控措施最终都要落实到每一个班组和每一个岗位。抓执行力主要就是抓企业各基层组织的执行力，最终执行成效也必须在基层现场得到直接检验和充分体现。安全生产的内涵要扎根于现场，制定的各项制度措施一定要尊重规律、因地制宜，特别是要将上级要求与基层实际紧密结合，真正做到把脉“下情”、掌握实情，只有这样才能使所有基层员工把执行落实制度转化为工作标准，将企业的安全生产意图转化为作业者的自觉行动，并逐步建立各种完善的基层班组自我约束、相互监督、持续改进的现场安全管理机制。

安全生产监管工作越是艰难，提高执行力的需求就越为迫切，就更要切实发挥好安全文化的作用。安全文化也是一种管理艺术，其建设并不是简单地开会贯彻、广泛宣传就能马上见效的，必须与公司的企业文化深度融合，从基础抓起、从本质抓起、从长远抓起，将安全理念细化为各类可操作的行为规范，不断提高安全管理的水平和层次，这样才能在实践中真正实现打造安全文化和强化执行力建设二者的有机融合。

三、人是安全生产的第一风险，人的风险仅靠增加投入、完善制度和强化监督难以从根本上消除

人是各种管理制度执行落实的主体。任何理念、方法和要求都要通过员工来实现，任何决策、指令和制度都要由员工来执行，任何装置、设备和工具都要由员工来控制和使用，所以员工的风险防控意识和素质对于安全生产工作具有决定性意义。一组不完全的统计数据显示：国内80%以上的事故都是由人为因素造成的。许多重大事故的发生都是多个环节或关口失效的结果，其中核心的问题就是突破了人的防线，未能实现人的本质安全。

2005年11月13日，吉林一石化公司双苯厂苯胺二车间化工二班班长徐某在排残液过程中，错误停止了T101进料，在停料时又未关闭预热器加热蒸汽阀，造成长时间超温。系统恢复进料时，再一次出现误操作，先开进料预热器的加热蒸汽阀，后进料，使进料预热器温度再次升高，由于温度急剧变化产生应力，造成预热器及进料管线法兰松动泄漏，空气被吸入系统内，与T101塔内可燃气体形成爆炸性气体混合

物，并发生爆炸。事故不仅造成重大人员伤亡和财产损失，而且因为在扑灭火灾的过程中有大量消防水流入松花江水域，造成松花江水域的严重污染。徐某的一连串操作失误导致严重的爆炸事故，给企业造成上亿元损失。

一个普通员工、一个一线班长的行为和素质，对一个员工超过百万、市值上万亿元的大企业，最终产生了颠覆性的影响，而在这样的大型企业当中，类似的安全生产关键岗位还有多少？

因此，必须要把提高基层一线员工的安全意识和安全素质作为当前提高安全生产掌控能力的重要内容。根据不同层次、不同类别、不同人群的不同需求，采取培训、考核、岗位竞争等方式，从理念上持续倡导和渗透，从行为上不断规范和养成，确保上岗的每一名员工都具备安全生产所需要的素质和能力。这种本质安全人的塑造，特别需要企业安全文化在潜移默化中发挥作用。

特别要注意抓住基层关键人物。班组长处在兵头将尾的位置，是安全生产的直接组织者。有一个责任心强、技术熟练、作风严谨的班组长，能够及时掌握班组的安全状况，随时注意员工情绪变化、分析班组成员的思想动态，对容易发生事故的岗位、工种做到心中有数，从而真正做到人员无违章、管理无漏洞、系统无缺陷、设备无故障，为基层班组实现本质安全奠定坚实基础。此外，还要关注人员流动带来的安全风险。当前随着企业内部减员、内退等情况不断加剧，20 世纪五六十年代的一批有经验的管理干部、工程技术人员、老员工相继退休离开了工作岗位，同时少数国有企业培养了十几年的技术骨干，在当前市场环境下被一些外资企业、民营企业高薪聘走，其中企业机关 40 多岁的管理人员和基层车间30多岁的青年骨干占最大比例。这部分人员属于企业的中坚力量，这些人才的流失也带来了一定的从众效应。

据统计，2014—2017年，中国石油集团所属25家炼化生产企业中，共计流失人员近2700人，绝大多数为基层岗位员工，主要集中在生产、设备、工程、电仪、安全环保等关键岗位。后备力量不能及时补充，岗位空缺现象严重，人员素质能力不足日益显现，导致安全风险进一步加大。

员工流失不断加剧的主要原因是缺乏企业归属感。一些企业没有有效地树立和培育员工对企业的忠诚文化，企业责任关怀缺失，导致员工对企业的忠诚度下降、归属感缺失，没有形成与企业同呼吸、共命运的责任感。尽管企业后来也会招聘一些年轻同志，但他们短期内经验不足，实际操作技能整体不高，成为岗位安全风险点。与此同时，企业还会经常雇用大量的劳务工、季节工、临时工，其流动性大，文化素质不高，培训也难以一时见效，这是造成企业人员素质整体下滑的一个重要原因。特别是一些企业在改制过程中由于人员分流，造成员工思想不稳定、责任心下降，也必将对安全生产造成一定影响。要解决这些问题，也都需要安全文化在企业文化的整体框架下持续发力，把人们印象中安全文化的抽象概念转变为实用价值。

目前，越来越多的人已经认识到，企业最大的安全隐患不是设备的缺陷、制度的缺失，而是人的安全意识淡薄、安全能力不足，但人们同时也发现，有一些生产安全事故的直接责任人平时就是一个极为负责的员工，这种情况也不在少数。这说明有认真负责的态度并不等于具备安全执行的业务素质。态度作风问题和能力素质问题同样不容忽视。事实上，很多事故事件都是由于员工能力不足造成的，因此必须在干部、员工上岗前就把好安全履职能力和安全综合能力关。否则，他们就会成为岗位上的最大安全隐患。

现在少数企业已经开始全面开展安全履职能力评估，这对于进一步提高各业务部门、全体员工的安全履职意识和安全履职能力具有重大意义。

按照“一级评估一级”的原则，有的企业开展“安全履职能力评估”和“新提拔干部过安全关”等活动，对各级领导的安全领导能力、风险掌控能力、安全基本技能以及应急指挥能力进行全面评估（以风险掌控能力为例，内容包括要掌握业务范围的风险现状和管控情况，定期开展安全生产形势分析和监督检查工作，督促指导隐患和问题整改，有效落实风险分级防控责任和措施，等等），依据岗位职责和风险防控等要求分专业、分层级确定，并将评估结果作为领导干部在职考核、提拔任用和个人安全绩效考核的重要依据。

对于一般人员的安全履职能力评估，其内容大概包含安全表现、安全技能、业务技能、应急处置能力等几个方面。同时，围绕包括履行职位所需的素质、经验、技能以及心理状况在内的所有前提条件，建立完善能力动态评估机制，进一步完善人员变更管理程序，及时发现岗位能力降低事件，新员工、岗位变更人员和在岗人员都要建立能力清单，制订培训计划，进行能力评估，最终实现能岗匹配。

现代企业管理的重要特征之一就是实现以人为核心的管理，尤其要研究和掌握人的行为规律。杜邦咨询公司的顾问曾经指出：安全管理重要的是研究和重视人的不安全行为。要解决安全问题，首先要从人入手，不能把发现的问题都推到不会说话的设备上，一味强调用投入解决安全问题。实际上，所有物的不安全状态都可以从人的角度找到答案。达到物的本质安全固然很难，但只要舍得投入，经过努力一般都能实现；如果不抓人的问题，片面强调投入，即使消除了所有设备、工艺上的隐患，也不足以防止和杜绝同样的事故隐患，更不可能实现零事故。因此，到企业进行安全生产检查，重点不是要查出多少现场隐患，而是要发现并解决各级管理者、一线员工在安全意识、安全理念、安全责任方面的问题。这方面的隐患整改属于安全文化塑造的范畴，也是企业各种安全生产检查活动最应该关注的问题。

四、培训即管理，管理即培训，安全培训与岗位技能培训必须一体化

培训不过关，人人是隐患。每次事故都可能在管理上、技术上找出多种原因，但根本原因还是对员工的安全教育不到位，员工的安全意识有差距，以及安全素养不过关。

个人行为习惯的养成，一要靠教育，二要靠约束。员工安全意识、安全素质和安全技能的提高，仅靠制度管理和约束是远远不够的，促使全员树立正确的安全意识、提高安全素养，最有效的手段就是进行教育培训，建立完善的教育培训机制、采取灵活多样的教育形式；但是企业以往的安全生产教育大多是“我说你听，我打你通”，“我讲什么你听什么”，不是大道理满堂灌，就是家长式的苦口婆心的教育。有的企业以生产人手紧张为由不做岗前培训，或者随意缩短岗前培训时间、减少安全培训内容和程序，以“边干边学”“岗位练兵”“以师带徒”等混淆代

替员工上岗前必需的安全培训。

有的企业即使组织了安全培训，也因为主管部门在培训前没有做好需求分析，没有针对不同的对象采取不同的方式分层次进行，导致培训的辐射面存在“横向不广，纵向不深”的问题，甚至不同专业的培训都采用同样的教材，因此只能进行一些原则性要求的培训。企业组织的上岗培训，关于岗位工作原理和操作要求等内容一般只针对正常生产情况，对于异常情况处置的培训就显得比较单薄和缺乏，而这恰恰是预防事故所必需的。同时，许多企业没有对培训结果进行跟踪监督评估，各项培训的考核或考试都不够严格，有些企业甚至把答案交给员工直接抄写，因此年年有培训却次次效果不理想。

对于企业各级领导而言，这种培训不能只是相关法律、法规等知识的培训，必须要具体有效且有很强的针对性。目前，大多数企业还没有为各级管理者设计和提供针对不同领导岗位的安全培训模板，缺少有效和系统地提升其安全管理技能方面的培训内容。比如，如何依据上级的安全目标来制定本企业的指标以及本企业的实施计划，如何应用安全检查资料分析所在企业的安全状况，如何通过安全观察与沟通真正掌握企业的风险所在，如何对企业安全事故事件进行调查分析以及采取什么样的安全激励政策更加有效，等等。实际上这种具体培训才能真正见到实效。对于普通员工而言，最重要的就是做到能岗匹配。目前许多单位只在人员变更前进行上岗考试，没有在人员上岗后或岗位变更后进行跟踪评估，以确认其是否真正具备符合新岗位工作要求的能力，这种潜在的安全风险尤其应引起企业的关注。

需要什么就考核什么，考核什么就能得到什么。受思想境界、年龄层次、学历水平等客观因素的制约，员工的学习力、理解力、应用力参差不齐，因此安全生产培训必须要体现差异性。对领导干部的培训应主要解决认识和观念问题，对普通员工的培训应着力解决技术和能力问题，干什么、学什么，缺什么、补什么，切忌“一刀切、一锅煮”。

到底哪个部门才是安全培训的主体？企业的培训职责一般归属人事组织部门，由人事组织部门负责统筹安排，但具体的员工安全培训则由安全监督部门来进行。这就把安全培训与技能培训、岗位培训人为地进行了分割。要解决以往培训范围过宽、内容过多以及无效、重复培训等问题，进一步提高各项培训工作的融合度，就必须对安全培训与岗位操作技能培训进行全方位整合，将安全生产作为岗位操作技能培训的基础内容，使基本操作技能成为安全生产风险培训的重要载体。同时，结合操作规程和操作步骤进行安全风险培训，使培训既突出风险控制，又联系操作实际，这样才能使安全风险控制真正渗透到每个操作步骤之中。

管理即培训，工作即培训，最好的安全生产培训就凝缩在具体工作过程中——必须明确各级管理者、各级职能部门在安全培训过程中应履行的职责。各级管理层均负有培训下属的职责，各级直线业务主管应对下属的胜任能力进行把关，通过日常工作对员工进行有计划的系统培训，一级培训一级，一级考核一级，一级对一级负责，使每名员工都具备工作必需的知识、技能、工作态度和解决问题的能力，从而有效解决安全培训与岗位需求脱节现象。在此基础上，企业应不断完善激励机制，鼓励人人成为安全兼职培训师，安全监管部门提供专项支持，基层站队，一线班组负责组织实施，各级管理者具体执行，保证各级职能部门尤其是工艺、技术、设备等部门深度参与，全面提高管理人员和员工的行为安全能力、安全技术保障能力、生产作业全过程控制能力和应急救援快速反应能力。

采取的培训形式和方法是否合适，客观上也影响和决定了安全培训取得实效的程度——既不能以大范围、多层次的宣传贯彻代替安全培训，更不能以自我领会、自我感悟代替安全培训。为提升培训效果，在实践中一些企业将以往传统的“套餐式”被动培训转变为“点餐式”主动受教，本着用什么学什么、缺什么补什么的原则，要求授课老师根据人员岗位、培训范围、业务需求等“按单配菜”，因岗施教、精准发力，力求讲深、讲透、讲具体，努力做到“你听什么我讲什么”，极大地满足了安全监管人员在培训方面的“个性化需求”，彻底改变了以往安全培训“一个方子治百病”大水漫灌似的培训方式。在培训模式上，现在比较流行的是小班制，讲究互动交流，训得少、练得多，事实证明这种培训效果更为明显。

国外许多企业的安全培训方法和内容非常贴近生产实际，培训设施也大多是仿真的。韩国企业的安全培训在专门设计的模拟现场进行，既贴近生产实际，又易学易掌握要领，员工也比较感兴趣：对于危险场所和危险工种的作业人员的安全培训，利用三维动感设备，让员工亲自操作。员工误操作或事故隐患未排除，导致的灾害后果（如触电、高空坠落、撞击等）会立刻显现出来，使员工有身临其境之感。对员工的安全培训，除了课堂培训以外，还可以考虑通过现场操作来确定其是否能胜任所从事的工作。通过这种“现场操作”来评定其领会程度、测试其操作的熟练程度，特别是可以通过操作检验员工对岗位规章制度以及潜在风险的了解程度，这也是评估培训效果的一个重要内容。

安全培训是企业送给员工的最大福利和最佳礼物，更是一项高回报的人力投资，但必须清楚，员工的思想观念和行为方式都需要较长时间来养成，不可能通过一两次培训就立即改变，所以培训不是企业治病疗疾的“急救药”，需要长期坚持才能见到实效。在加强安全生产培训的同时，必须强化安全生产制度建设，二者相辅相成，缺一不可。培训教给大家“怎么做”，制度约束大家“必须做”，两者结合才是切实提升安全生产业绩的有力保证。

五、本质安全是一种管理新境界，就是让员工没有办法、没有机会犯错

在许多企业，本质安全经常和安全生产长效机制建设联系在一起，大都是以安全生产目标的方式出现。在一些企业有这样一种说法：以建设本质安全型企业为目标，形成自我约束、自我完善、自我提升、防范有效的安全生产长效机制。

抓安全不能总是把希望寄托在靠员工不犯错误或少犯错误上。从某种程度上说，员工有失误或偶犯错误是必然的。如果一个竖放直立的梯子有可能会倾倒砸到人，那么就不要把避免事故的希望寄托在提醒所有人避开这个隐患上，而应该直接把梯子横放在地，这样做会简单得多。降低设备、设施本身固有的危险以避免或减少事故的发生，就是我们常说的本质安全化。

举例来说，火车是以每小时一两百千米的速度行驶，但遇到弯道按要求必须限速 80 千米 / 小时，现在有一种技术，可以在火车一上弯道时立刻传送“弯道限速 80”的信号，不用人工去给火车减速，有设备会自动给火车减速。还有很多的自动闭锁装置也是如此。这是一种限制性的技术手段，将各种管理因素限制在一定的范围之内。在这样的限制下，即使操作人员的意识中没有“弯道限速 80”的概念，也不会发生

事故。由此可见，安全意识和技术保障是可以相互联系的。

一些企业在现场的安全管理方面，针对不同的工作岗位制定了十分具体的安全操作规范，甚至每一个开关、每一个按钮都设有防止误操作的特别防护罩；对应各种危险的作业内容，都备有齐全的安全防护用具；每台机器设备都有编号和标识，且在设计时都按照“操作简便”和“装置安全”的理念进行，使操作者即便错误操作机械，也不会引发灾害和事故。另外，为了减少误操作，普遍实行“复述指令”岗位操作法，即下一步要进行什么操作先大声复述一遍，然后再动作。这样一来操作者既确认了指令，又能集中注意力，且操作简单易行。

实现本质安全最重要的一点就是加强安全技术改造，完善安全基础设施和基础条件，及时淘汰危及安全的落后技术、设备和工艺，及时采用安全性能更高的新技术、新工艺、新设备和新材料。比如，我国东北地区许多原油和成品油管道已运行近 40 年，受建设时的技术、经济条件限制，设计、施工、材料等方面的管道保护水平较低，时至今日，管道运行存在较大安全隐患。到底是该“修修补补”还是干脆“推倒重来”？其中就涉及本质安全的问题。

安全源于设计。项目前期的设计，对本质安全影响重大。设计先天不足，是最大的安全风险和隐患，后天为此付出的成本和代价将无法估量，有的甚至无法弥补。因此，必须高度重视和进一步加强工程建设项目的设计管理，提高设计质量，减少设计变更，提高设计的可靠性，绝不允许在在建设施和项目上做“试验”，不能在设计阶段就给安全生产埋下隐患。许多安全问题的根源是质量问题，因此要深刻认识今天的质量就是明天的安全，深刻认识质量与安全之间的联动关系，坚决杜绝不合格的产品流入市场，坚决杜绝质量不合格的工程投产运行，把产品质量、施工质量作为安全生产的一道重要屏障，切实把安全源于设计、源于质量、源于防范的原则落到实处，为本质安全奠定坚实基础。

“本质安全”的另一个重要内涵，就是实施工程项目全过程安全风险管理。安全风险控制人员应该深度参与项目初步设计、设备筛选和制造监督、施工安装、开车启动的全过程，分析在整体过程中采取的相应标准和规程是否符合实际需求，并提出相应风险控制建议和措施。同时，保持企业协调、均衡、平稳的生产经营状态，也是实现本质安全的一个重要途径。实际上，绝大部分事故是在变化条件下发生的，非计划停工、临时性调整以及打破常规的作业、人员的轮换等，都会产生安全生产的隐患和风险。因此，本质安全要求管理上要突出系统性，与生产作业现场各种变化因素紧密结合，对人、机、物、环境等生产要素进行合理、有效的组织、计划、协调和控制，使之始终处于良好状态，最终从机制、程序、流程等多个方面形成一整套行之有效的安全管理方法。

当然，对于大多数企业来说，建设本质安全型企业最简单或最有效的途径就是积极走科技兴安的道路，保证并不断加大安全投入，抓好新建、改建、扩建项目的科技进步，坚持高起点，提升科技含量，同时大力推进安全管理手段信息化、自动化和现代化，这种科技上的进步对于提升企业本质安全水平有重大推动作用。

重特大事故往往发生于多人集中工作的环境中，减少工作现场的人员数量可以有效地减少人的不安全行为。应急管理部一直在大力推广的“机械化换人、自动化减人、智能化无人”工作，就是聚焦企业生产关键环节及重点部位，开展安全技术改造和工艺设备更新，推广应用自动化控制、远程监控和智能感知预警等技术装备，将人工作业替换为机械化生产、自动化控制，减少人为操作，促使安全生产科技创新向远程遥控、智能化操作方向发展，真正实现“无人则安、少人则安”的目标，从本质上防范和遏制重特大事故的发生，提升本质安全水平。

本质安全建设既没有统一的模式，也没有固定的框架，需要每个企业结合自身的具体情况，深刻领悟安全发展的内涵，总结和掌握安全工作的内在规律，不断完善自身管理机制，提升管理成效。这是一项永远也不会竣工的重点工程，也是实现企业安全发展、建设安全生产长效机制的重要途径。

困局七

找到学习的榜样并不难，关键是学习的路径；找到学习的路径也不难，关键是学习的态度。管理方法和管理工具是没有国界、没有地域的，但再经典的管理模式也需要切合实际，就像吃饭不仅是为了填饱肚子，更是为了产生和转换为自身的能量一样。

——如何在中国这片“土壤”上更好地移植外方的安全理念和监管模式？

2013 年 6 月 6 日《南方周末》刊登了一篇题为《高频事故挑战社会底线，× × 石化为何屡不设防》的文章。文章认为，× × 石化高频事故已挑战社会宽容度的底线，远非“概率论”所能解释。文章质问：早至 1997 年，这家大型企业就参照国际标准制定了三项本企业的 HSE 标准，仅比 HSE 管理体系成为国际石油业普遍推行准则的起始时间晚一年。为何国际石化行业安全通行规则一个不少，爆炸、起火事故却接连发生？一位 HSE 负责人道出原委：移植了国际标准的国有企业，并没能将这些带血的经验融入企业自身的日常管理，“相当于拿了一块肉贴在身上，营养却没吸收到”。一位外资企业的安全管理人士也认为，“拿来”的安全程序无法立即形成石化企业的“防火墙”，必须由专业安全管理人员现场审核，给出评估意见，由企业自身渐进改善。

在安全管理实践过程中，强化安全生产意识、提升安全生产能力主要有三种途径：一是建立在“经历”方式上的学习和进步，“吃一堑，长一智”是最痛苦的学习方式。二是通过“沉思”的方式来学习和进步，别人吃一堑我们长一智是高明的学习方式。三是通过“模仿”的方式来学习和进步，不须吃一堑亦可长一智是不仅高明且最为容易的学习方式。

安全生产的国际化不是简单的理念与说法的国际化，而是要全面对照国际先进水平，建立符合国际化要求的指标体系和规范标准。最早进入国际市场的中方队伍都有深切体会，起初对国际上的 HSE 管理体系他们根本不习惯，甚至有的人还会产生极大的抵触情绪。后来通过与国际大公司的深度合作交流，人们开始逐渐领会到安全生产理念的深刻内涵：生命价值高于财产价值，HSE 效益优于经营效益，预防成本低于补救成本，等等。这些在国外很管用的安全理念以及由此建立的管理模式，一些国内企业全盘照搬后却难以见到实效，于是没多久国内企业就又调换了频道。求形似往往会失神似，缺少科学的态度和理性的认知，再好的方法和模式也难以发挥应有的作用。

有位专家到一个企业讲授安全生产课程时，曾向台下听众发出这样的提问：我国企业的各项规章制度应该说也是相当健全、相当完善的，可为什么在执行上难以打通“最后一公里”？国外这些企业的安全理念和监管模式，中国企业能否全面复制?

许多人认为，国内企业与国外企业在安全业绩上的不同表现，是由不同的文化背景造成的。文化背景的因素是需要考虑的，但绝不是关键因素，因为文化是可以融合的。美国杜邦公司曾经在中国建立了几十家独资及合资企业，这些企业的安全水平有的甚至比在美国的企业还要好。深圳的杜邦公司是其在我国建立的第一家企业，多年以来没有发生过任何生产安全事故。这说明不管是怎样的文化背景和环境，都可以通过努力实现零事故、零伤害的目标。

在许多国际大公司，很少看到安全生产的宣传标语和名言警句，在介绍安全生产做法时也没有给人留下特别深刻的印象，整体上感觉核心的只有一条：无论是哪个岗位、哪一级员工，都必须严格按照企业操作规程去执行，绝对不允许违反规定、逾越程序。一些人可能认为这种规定过于死板，过于较真儿，但这样做的结果确实保证了安全生产长周期运行。

国外企业不会把安全生产当作可以炫耀的成果。有的企业高层领导每天固定抽出近 30% 的时间投身到安全管理中，包括到现场和员工进行交流，员工有安全问题可以直接与领导沟通。各级领导普遍认为，只要生产经营活动存在，安全生产就是每天必抓的工作——它是日常工作和生产经营的一部分。企业内部对企业经营者的考核，安全生产是第一要素。这些企业都有一个不成文的规定：经营业绩不能完成，管理层并不一定会被追究责任，因为其中可能涉及市场环境变化等这样或那样的不可控因素，但安全出了问题一定要追究管理层的责任，因为没有任何理由可讲，发生事故的原因就是履职不到位，就是领导不重视的结果，且一般不追究基层员工的责任。另外，亡人事故的罚款和赔偿金额都是企业不可承受之重，一般要到破产这个级别才会免于被起诉。因此，对于一般企业来说，出现多人死亡的安全事故一般都难逃倒闭的结局。

一、“安全第一”不是贴在墙上、挂在嘴上的，安全就是工作的一部分

国外企业很少谈安全第一，但它们会把安全与其他工作放到同等重要的位置考虑，并主动将安全管理融入各项管理流程之中。它们大多数不单独设置安全管理部门，即使有安全相关的岗位也不对企业的安全负责，一般只负责安全培训和咨询，以安全顾问的角色服务于企业。有的企业还会组建多达数十人的安全专家支持团队，协助解决企业内部各方面的安全技术问题，为安全提供强有力的支持和保障。

那么，在企业现有组织框架内，到底哪个部门该对安全生产负责？它们认为，从管理层到生产管理、工艺技术等各个业务部门，都直接对安全生产负责，必须直接把安全管理作为平时业务管理的一部分，统筹考虑规划、设计、质量、成本、效益与安全等各种涉及企业

发展的问题。比如，为了推行领导安全行动计划，每个领导都要结合自己的职责制订年度或一个时期的个人安全行动计划，内容包括要做哪些事，解决哪些问题，参加哪些活动，等等，既翔实又丰富，并在全系统予以公示。这样，公司自身安全监管的职能完全由业务部门按照自己的专业来承担，安全生产与日常工作紧密结合，将安全责任直接镶嵌到岗位工作职责当中，且十分明确和具体，基本上不存在安全生产责任不能落实的问题，所以也很少出现因为安全职责不清而相互扯皮的现象。

举例来说，壳牌公司的管理层、经理层、雇员层等各个层级都将安全管理纳入自身岗位业务。在壳牌公司，安全决策是由公司管理层直接提出并列为管理层会议议程要项之一，管理层做出每一项指示时，必须考虑其所带来的安全风险并要有所准备和安排，在各项业务方案及业绩报告内也要突出强调安全状况。对于经理层级，安全管理被视为日常的主要职责之一，与生产经营、成本控制、利润提升等责任同等重要；对于雇员层级，良好的安全行为被列为后续雇用条件之一，与其他评定工作表现的准则获得同等程度的重视；对于公司各部门，安全检查和安全会议由各部门牵头组织和召开，是各部门的业务内容之一，其安全绩效也是部门考核的重要指标，劣者须予以纠正，优者则予以褒扬奖励。

壳牌公司采用监管分离体制：各职能部门 HSE 管理责任划分得十分清楚，每个部门的领导都是该部门 HSE 的第一负责人，全面负责本部门 HSE 管理工作。每个员工也都有相应的 HSE 职责。专业 HSE 部门只有服务、建议和参与 HSE 审核的权利，日常工作是负责制定公司

HSE管理程序，完善公司HSE管理体系，监督检查各部门对HSE制度的执行情况，并向管理部门提供有关安全政策、公司内部检查及意外报告和调查的指引，向业务部门提供专业安全资料及经验，等等。HSE部门对HSE事故不负有直接责任，而将HSE责任压力传递给了事故责任直接领导和现场员工，实现了真正意义上的监管分离，促使各部门领导主动关心HSE工作。

杜邦公司规定：谁负责这项工作，谁就负责实施这项工作的安全管理，对安全结果负责，因为作为具体工作的组织者或实施者，其对于这项工作存在的深层次风险有着更加全面且专业的认识，对关键环节的安全策划会比其他人员更加专业。在具体的工程实施中，可以由各个方面的专业技术人员成立一个特别工作组，对潜在的安全风险进行分析，安全管理部门的人员可以以专业人员的角色加入这些工作组中，在解决问题及提高流程合规性等方面提供专业保证。这种组织机构的正确设置，是高效、专业解决问题的基础。

国内企业都是单独设立安全生产监管部门，其他业务实行安全生产“一岗双责”制，谁主管谁负责，管生产必须管安全，要求企业各级领导、各相关部门除了完成本职工作范围内的业务之外，还要承担业务职责范围内的安全生产管理工作。这样就把每项职责很明显地划分成了业务职责和安全生产职责两条线，在一定程度上分割了两者间水乳交融的关系。许多企业明确提出，要逐步建立安全生产主要领导全面负责、副职领导分管负责、职能部门具体负责、岗位人员直接负责的直线责任格局。那么，全面负责、分管负责、具体负责和直接负责几者之间到底有什么区别，在责任追究方面又有哪些不同？还有的企业将安全生产管理责任详细划分为第一责任、领导责任、主要责任、属地责任、监督责任、综合监管责任等，责任众多，实际上整体概括起来只有两个责任：一个是主体责任，一个是监管责任。其他责任都可以划转其中。可以考虑在这两个责任的基础上，针对一些较为复杂的情况，区分为第一主体责任、第二主体责任、第三主体责任以及第一监管责任、第二监管责任、第三监管责任等，这样既便于责任划分，也便于事后追责问责。

大多数国内企业都明确了安全生产“一岗双责”的工作制度，普遍建立了安全生产责任制，但大多内容抽象，站在宏观层面，缺乏翔实的具体工作内容，而且在实际运行过程中安全管理的牵头和组织工作往往会全部推给安全监督部门。另外，这些安全职责是否已落实，既没有组织年度述职，也没有相应的落实情况检查，更没有相应的定期考核机制，导致一些企业的安全责任制度最终形同虚设。即使这样，各相关部门依然存在严重的抵触情绪，“一岗双责”制成为企业应付外部检查的“道具”。因此，责任划分得越细反而矛盾越多，也会出现更多推诿扯皮的问题。这方面也可以借鉴国外企业的做法，让所有业务部门的职责完全涵盖安全监管内容，作为其本身工作的一部分，最终督促各部门在工作中自觉做好本领域内的安全生产工作。实际上，这也是“三管三必须”的核心要求。

安全生产并不是一项可以分离出来的独立工作，它融合、依存于企业整个生产经营活动及每个人所从事的具体作业过程。当前效仿国外企业取消国内企业安全监管部门的做法不一定符合我国企业实际，这样完全照搬国外企业的安全管理模式也不能保证安全生产责任能全员归位。现在一些单位尝试对法律规定的企业主体责任进行清单式管理，以岗位安全生产职责为基础，结合自身的实际组织机构，对每一项安全生产职责进行细化分解，列出落实安全生产职责的具体工作任务，明确各项任务的工作标准，实现一单对一岗。

在这一过程中，安全监管部门要充分发挥协调指导作用，建立企业生产经营全过程安全责任追溯制度，完善内部考评机制，平时按单履职，出了事故就按单追责，以此推动企业安全主体责任的真正落实，彻底消除监管盲区，逐步杜绝安全生产管理工作脱节的现象。

二、安全深处是理念，隐藏在指标和现象背后的是理念

没有理念指导的工作是盲目的工作。一项工作的开展，先从认知开始，经过积累和整理，逐渐上升为理念。理念一旦形成，就决定了工作的方法和态度。理念先导是安全生产的灵魂，具有很强的导向行为。比如说到 HSE 管理体系，人们印象最深刻的就是“写你要做的，做你写下的，记你已做的”，其中就含有浓重的西方理念色彩。

学习借鉴国外企业在安全生产方面的做法，要认识中西方理念上的差异。国外一知名企业明确规定：笔筒里的笔要全部笔尖朝下；打开抽屉取放东西后必须马上关好；水杯必须远离电脑；插线板的电源线如果暴露在外，必须用胶带把电线固定在地面上；在走廊里，员工没有紧急情况时不允许奔跑……对此，有的员工不理解：有急事跑两步能有什么大问题？突然有一天，一个员工就因为疾跑两步栽倒在地，再也没能爬起来。

在安全理念上，国内与国外企业有一定差异。国内一些企业还是习惯于经常召开声势浩大的全系统安全生产会议、紧急事故通报会议，

然后下属企业再层层开会、层层表态。各种安全生产的文件也是这样，从集团公司到二级单位，再到下属企业、分厂、车间、班组，逐级转发、逐级传递，对于安排和落实则投入不足；国外管理制度成熟的企业大多以公司规章制度和岗位规程为准则，公司理念认为，既然已经有各种规章和规程，其中也已经包含了各项专门的HSE规定，那么严格执行就可以了，不需要再单独开会对HSE工作进行再布置——除非公司的规程存在缺陷需要完善，一般不接受额外增加的管理要求。整体上看，这些企业普遍把已有的各项制度、规程的执行情况作为管理重点，并把执行的好坏作为奖惩考核的主要内容。在具体项目实施方面，国内一些企业还习惯加班加点，国外企业坚持“阳光作业”，明确规定严禁在夜间及恶劣气候条件下施工作业，如确需夜间施工，必须提出申请进行审批，并制定专门的夜间作业安全管理方案，相关部门和有关人员要到现场实施监控。事实证明，夜间不施工并没有影响施工进度。恰恰相反，因为项目运作平稳，各项工作按计划有条不紊地实施，施工进度能得到更好的保障。雪佛龙公司有一条著名的理念：永远有时间把事情做对，强调“安全源于设计”，从施工方案设计开始，工程技术人员就要把安全生产放在最重要的位置，追求合理的施工质量，追求合理的成本，追求可预期的利润，而不是强调利润最大化，特别是不以牺牲安全、健康和环境为代价，努力把安全风险降至最低。

许多在国内实施的中外合作项目，更直接体现出了这种安全理念上的碰撞。中国石油与美国阿帕奇（中国）公司合作勘探开发渤海湾的赵东平台的海上项目，完全采用西方管理模式，美国阿帕奇（中国）公司为作业者。合作初期，中外双方观念上的差异随处可见。一位操作人员不小心把手挤破了，作业经理马上派直升机把他送到指定医院就诊，直到确认该员工没有什么问题才作罢。飞机一起飞就是5000美元，有的中方员工认为这实在有点小题大做，而外方工作人员却认为“很值得”。

参与项目建设的中方管理人员也深有体会：安装一台设备，仅从地上吊到平台，就要分为许多步骤：首先把货物分为昂贵、易碎等多种类型，然后对钢丝绳和吊环进行检查，看是否与证书和标记相符，最后将调运过程确定为几个关键点，分派人员进行看守。就是这样一个简单的过程，外方企业设置得极为复杂，但其中蕴涵的是不容置疑的科学。这样的例子比比皆是。切割大绳的长度按照大绳所做的功——吨公里值来计算，每天钻井工程师都要根据当天施工情况计算出当天的吨公里数，并累加起来，每累积到800吨公里～1300吨公里时进行一次切割作业。因为大绳每段的受力不同，对大绳的磨损程度也不同，外方企业就按照有关数学公式进行逐段分析，然后逐段进行替换。

安全是平台上绝对的“主角”。平台上的各种吊具都有明显的安全标志，吊索上有挂牌，标明了载重量，并在接头处涂有绿色，表示安全色，吊篮和集装箱同样在显著位置标明载重量、检验日期以及下次需要检验的日期。细节决定成败，科学管理就蕴含在这些不经意的细节中。除专职安全员外，任何一个监督人员都管安全，任何人看到违章、不安全的操作都会加以制止。有的上平台参观的上级领导忘了戴防护眼镜，没走多远就被一名员工很礼貌地拦住：“我们的环境需要戴眼镜保护，请您遵守平台上的规定。”

平台上的安全活动涉及方方面面，包括组织填写安全隐患识别卡

（Stopcard）活动，定期召开安全会，组织逃生演习，组织召开工作安全分析（JSA）会议，等等。一名员工不小心从扶梯上摔倒滑了下来，爬起来就走了，安全监督人员却走过来，对于造成员工摔倒的到底是个人原因还是扶梯原因非要查个清楚。正是这种较真精神使其安全管理系统而深入。理念上的差异使中方企业在开始阶段交足了学费。刚上平台时，面对监督人员的命令，自认为经验丰富的司钻无休止地进行解释："我们都是这样干的，多少年了没发生过事故。"监督人员转身就找到平台经理："他不知道自己该干什么，可以回去了。"施工初期，先后有6名中方员工因为类似的"小事"被驱逐下平台。

企业内部对于"下楼梯必须要扶扶手"的规定，有的员工觉得"有必要吗？""不扶扶手还能算作隐患？"安全专家会提醒人们：这就是安全隐患。员工很可能会因为前一晚没有休息好而突然头晕摔倒，上下楼梯扶扶手至少可以帮助他保持平衡。外方企业最重要的一个安全理念就是，让各类风险处于可预知、可削减、可控制、可应急补救的状态，这就是我们常说的"把事故消灭在萌芽状态"。

现在，许多国内大企业提倡要与世界一流企业对标，通过对标来发现企业存在的突出问题和薄弱环节，这是当前国内企业提升管理水平的重要途径。的确，凡是比我们强的、比我们好的，都应该成为我们学习的标杆，但这种对标不应局限于硬实力的对比，更应注重对比软实力；不能过于注重各项指标的量化比较，更应挖掘隐藏在指标背后的理念上的差距，而这种理念上的差距恰恰是安全生产工作在国际化接轨融合过程中应该特别注意的。

三、没有监督不开工——严格监管是国外大企业共同的标签

国外一家大企业曾经把企业的安全文化塑造分为四个阶段：首先是自然本能阶段，主要表现是依靠人的本能，以服从为目标，缺少管理层参与，等等；其次是严格管理阶段，主要表现是安全成为受雇的条件，靠监督实现控制，等等；再次是自主管理阶段，主要表现是安全成为员工的内在需求和习惯行为等；最后是团队管理阶段，主要表现是员工帮助别人遵守规则，注重团队整体贡献，等等。整体轨迹就是从“要我安全”到“我要安全”，再到“我们要安全”。

按照这样的标准来评价和衡量，目前国内企业大多处于严格监管阶段。这一阶段必须对违法违规行为从严监管、从重处罚，绝无例外、绝不迁就，要让各种违法违规成本最大化，使各类非法违法生产者常存敬畏之心。壳牌公司从严格管理阶段到自主管理阶段用了 37 年。一些企业做了一些努力，安全生产形势稍有好转就轻言转段，稍有松懈事故又会频繁发生，这样循环反复成为常态，说明企业安全生产基础薄弱、基层脆弱的根本问题并没有得到解决，也说明严格监管阶段没有捷径可走，短期内阶段难以跨越。

在安全管理上执行高标准，也是许多国际大石油公司的成功经验之一。它包含了两个方面的内容：一是制定并采用严格的标准和规章制度，二是在执行上的高标准。比制度完善更难做到的是严格执行。这些企业最鲜明的特点就是严格遵守各项规章和规程，规章规程就是高压线，谁不遵守就会面临十分严厉的惩罚：违章严重的要给予开除处罚，

因违章而被开除人员的名字将被公布在同行业的信息网站上，相当于上了“黑名单”，这样的人没有其他企业敢录用。每一名轻微事件的违规者其员工证件卡都会被剪去一角作为处罚，当证件卡被剪掉4个角时，该员工将被清退出场。这项制度也为全员参与安全管理搭建了平台，形成了全天候、全过程响应的风险辨识和信息反馈系统。员工在上岗前和上岗后，始终牢记的最重要的内容就是：规程上没有的操作绝不去做。企业都是按照计划或者合同执行，业主无权随意变更工作计划，因此不存在业主干预施工和操作的现象，这样就从根本上杜绝了违章指挥问题。

国内的一些企业由于培训不到位，员工对于一些违章操作可能并不十分清楚，无知者无畏。即使出现违章，企业一般也就是进行经济处罚，很少全面分析造成违章的深层原因。在实践中，一些基层领导者习惯按照个人意愿变更工作计划，打破常规，超负荷生产，这是一种危害更大、影响更为恶劣的管理违章。

一些国外项目建有安全员制度，规定每个作业区域至少有1名安全员，每50名工人配备1名安全员，实行班前安全会议和安全工作分析制度、交接班安全制度、承包商安全周和安全月例会制度。现场总监每个月要组织所有承包商参加安全会议，通过总结对比，进行安全意识培训，真正实现对安全生产的全面、有效监督。

中石油与壳牌合作的长北项目被誉为“上游HSE管理样板”，项目从运作之初就规定“所有长北的活动现场都必须有专职的HSE现场监督，没有监督不开工”，且负责现场HSE管理的安全经理都拥有丰富的经验，并具备严谨、严格的作风，甚至有些“钻牛角尖”，且大都由外籍人员担任。国外项目普遍采用多种风险管控的工具方法，包括STOP

卡（叫停）、JHA（工作危害分析）和PTW（工作许可证）等，简单方便、行之有效。比如STOP卡制度，即项目经理赋予每一名员工在遇到危及安全、违章指挥等情况时都可以行使“叫停”权利。

在国内，一些大型项目也开始全面实施安全异体监督，不但有中国的监理，还有外国的监理，不但有正常的施工监理，还有总部派出的、不定时的抽查监督，俗称“飞检”。在中亚管道建设过程中，通过国际招标引进了著名的英国摩迪监理公司作为项目第三方监理，这是一个全球化运作的管理和技术服务机构，通过近百年的业务运作建立了一套国际化运作管理模式。这些执法者的职责很明确，就是对全线的施工作业进行安全检查。同时，合资公司授权摩迪现场监理在必要时可以向承包商发出停工令，据此来控制现场的HSE管理工作。

口袋里装着STOP卡，监理的权威便可得到保证。实际上，这些来自世界各国的检查者的工作更多是根据批准的程序文件对承包商施工现场的HSE情况进行监督检查，并将现场检查发现的问题记录在日报中，准备相应的问题清单，在HSE周例会上进行讨论、解决并跟踪落实情况。许多专家认为，这么大的工程完全依靠中方自己的力量来监管是不现实的，必须放眼全球，引进更为先进和更加专业的国际资源。聘请摩迪公司监理不是“值不值”的问题，而是理念和态度问题，它体现出的是国际化项目建设应有的国际化管理水平。

在安全指标体系设计上，国外这些成功的企业也充分体现出严格监管阶段的特征和原则。它们认为过程考核与结果考核同样重要，设定的目标不仅要考虑重大的事故和伤害，还要超前防范发生概率较高的事故，一般采用百万工时损工伤害率、百万工时可记录伤害率等作为主要安全指标，同时关注更富有挑战性的过程性指标，如损工伤害率、可记录伤害率，轻微伤、未遂事件、医药箱事件，以及例行现场检查中发现的不安全行为，等等。

国内还有一些企业虽然每年都会层层下达安全生产指标，但大多关注以事故起数、死亡人数为标志的结果性指标，甚至以很难量化的“安全形势持续好转”“安全形势稳定好转”或者“安全形势根本好转”等作为衡量指标。企业安全生产指标应当是在上一年度的安全表现的基础上进行设定，并逐年增加指标难度来提高挑战性，而这些企业多年的安全生产指标几乎完全一样，没有体现出持续提高安全业绩的追求，没有反映出当前亟须解决或提升的针对性内容，特别是缺乏落实各项指标的具体实施计划。

从严监管从来不是一个泛泛的概念，必须建立完善与之相配套的跟踪考核机制，这样才能把严格检查考核、严肃追责问责的原则要求真正落到实处。

四、HSE 管理体系不是一种即买即用的东西，必须解决形似神不似的问题

近年来，国内许多企业都采取多种方式与国外大企业在安全生产领域进行咨询合作，在 HSE 管理体系建设方面下了很大功夫，却很难有立竿见影的效果。一些企业面对安全生产形势长时间没有变化、徘徊不前的现状，逐渐失去对 HSE 管理体系建设的信心和热情。HSE 管理体系建设在国内许多企业成为“一壶不能烧开的温吞水”。

中国现代作家、历史学家郭沫若曾经说过一句话：“吃狗肉是为了

长人肉，而不是为了长狗肉。”其中就包含了要实现国外管理“中国化”的问题，照猫画虎最终会水土不服，表面上的借鉴大多成为形式主义，不仅是安全生产，许多领域的引进借鉴都是如此。一些单位在HSE管理体系推进过程中求胜心切，不注重软着陆和适当缓冲，着力强调“快刀斩乱麻”，试图集中解决安全生产中的所有突出问题，不能深刻体会到企业稳固的安全生产环境是日积月累、聚沙成塔的结果。表面上轰轰烈烈，实际上工作做得并不扎实，重治标、轻治本，在遇到挫折和发生事故时，又对HSE管理体系建设持怀疑甚至否定态度。

HSE管理体系建设不是“一锤子买卖”，也不是一次性的工作，绝对不能简单地把HSE管理体系推进作为一个项目、一个任务来完成。推行HSE管理体系的坚定信念来源于对体系的深刻认识和理解，来源于在思想上对该体系的认同和重视。作为一种全新的管理方法，HSE管理体系不是单独由安全管理部门负责就能运转起来的，其内外沟通与协调是多层次（领导层、相关职能部门、基层单位、一线岗位员工）、全方位（用户、承包商、供应商等相关方）的，同企业生产经营的各个环节紧密联系，并不是简单的修修补补。HSE管理体系建设实质上是一项企业重塑工程，是一次企业再造机会。HSE管理体系建设对企业安全生产工作的深远影响，可能在十年或几十年后才会清晰地显现出来。

世界知名企业在收购或合作时一般都有一点共识：宁选一个有HSE管理体系但曾发生过事故的公司，也不选一个没有HSE管理体系但侥幸没有发生过事故的公司。HSE管理体系是国外企业从多年管理实践中总结出来的，经过多个国家、多家企业的检验，其实用性和科学性不容置疑，只要能始终如一、锲而不舍，坚定信念，就一定能在借鉴、学习中有所提升，但目前一个最为现实的问题就是如何做到真信、真学、真用。一些企业一方面通过国内咨询机构开展HSE管理体系认证审核，另一方面却继续保持传统的安全生产运行套路和模式，有时候更是打着体系审核的旗号运行安全检查的模式，“用新瓶装旧酒”，二者并行推进，可以说实行的是一种“双轨制”。实际上真正发挥作用的还是运行多年的传统做法，日常安全监管工作并没有被完全纳入HSE管理体系运行，HSE管理体系建设只相当于辅助性工作，传统做法仍是安全生产实际运行的主体内容。这种“两张皮”现象在许多推行HSE管理体系若干年的企业中仍然隐蔽存在。

越符合现状越容易推行，改动越小越容易被接受，这是已被实践证明的事实。一些企业提出“先学后创”。首先是“学”。在还没有真正了解HSE管理体系的内涵和真谛之前，先按照HSE管理体系的要求教条、机械地进行尝试和落实。如果一上来就允许大家自由发挥和选择，每个单位都单凭过去的经验来套用新的规则，很容易“穿新鞋走老路”，只学一个表象，也很容易陷入形而上学的学习中。说起来容易做起来难，削足适履肯定是个痛苦的过程。

其次是“创”。中西方企业的管理体制、员工素质、企业文化差异较大，照搬照抄难免水土不服，必须对其先进的理念和管理进行深入研究和吸收消化。境不同，道亦不通。因此，HSE管理体系建设模式不能只是复制，更要强调创造性和特色性。不同企业在经过系统调研后，还是要讲究区别对待和因地制宜，要坚决克服那种因为强调“一刀切”而产生的“药不对症”或“水土不服”问题。

在这种学、创过程中，必须要掌握好学与创的转换时机。在彻底理解和吸收、完整学习和消化之后再活学活用、融会贯通，以针对性和可行性为原则进行适应性调整，经过沉淀、融合、提炼和归纳，做到既善学又善用，并真正与自身需求相匹配，这是一种更深层次的学习。比如，领导承诺与兑现是保障HSE管理体系有效运行的核心驱动力。针对现实中各级领导“说得多、做得少”的普遍问题，一些企业在各级行政“一把手”的业绩考核中，增加了“是否亲自参与了HSE方针和目标的制定”“是否主持召开了HSE定期分析会议”“是否参加了每年不少于一次的HSE管理培训”“是否为HSE管理提供了培训和资源保障条件”“是否按照年度计划开展了高层HSE审计”等量化指标。这种细化、具体而可衡量的指标，保证了企业各级领导能够用“行动支持说法”。

每一种管理方法和管理工具都有其产生的特定环境和背景。在被应用到其他的领域和环境时，各企业要根据面临的实际情况做相应调整，进而形成有自身特色的一种方法、理论甚至文化。因此，既要在学习借鉴过程中始终保持理性认真的态度，也不要指望HSE管理体系建设能够一下子解决所有问题。华为创始人任正非在学习国外优秀企业管理模式方面曾经提出“僵化学习、优化创新和固化提升”的三部曲。意思是说：中国人太聪明了，所以一些人学习态度不踏实，总在不停创新，由此产生中国版本、华为版本，所以引进国外先进管理需要先僵化、后优化，还要注重固化。

真经易取，其道难修。学习借鉴的目的就是在实践中固化运用，就是将已经形成的管理方法系统化、标准化、制度化。虽然国内部分企业表面上建立了HSE管理体系框架，但并没有树立体系化的思想；完善了体系文件，但还没有制定相关配套措施；明确了体系建设进程，但还缺少有效评估。管理方法虽然可以借鉴，但是市场环境无法统一；管理理念固然可以学习，但是运行模式不可左右。如何使在国外企业行之有效的HSE管理体系和谐有效地融入不同领域、不同规模、不同性质的中国企业，是当前和今后一个较长时期都必须面对并着力解决的问题。

附件

部分国际石油公司安全生产管理典型做法

一、埃克森美孚

埃克森美孚认为，安全永远比产量和效益更重要，安全是公司企业文化的重要组成部分，有效的HSE管理是公司运作的许可证，坚强的领导对安全工作至关重要。埃克森美孚的经营综合管理系统（OIMS）是对环境、安全、健康进行管理的基本框架。经过多年的实践和完善，OIMS形成了标准的程序和流程指导系统。OIMS包含管理层的领导、承诺和责任，风险评估和管理，设计和建设的HSE管理，承包商的HSE管理，事故调查等11项要素。各类业务都根据OIMS制定指导守则和操作规范，并遵循每一个要素的要求。

埃克森美孚重视人为因素对安全生产的影响，除了开展员工与承包商资质审定外，还推出了“工作前最后一分钟风险评估”程序，以防止员工产生麻痹心理。通过让员工在开始工作前回答简单的安全问题的方式，帮助他们将注意力集中在火灾、爆炸、高压、电击、高空作业和高空坠物、移动挤压和塌陷六项危险上，最后对工作任务进行风险评估。公司认为高事故率是由员工对工作设施不熟悉造成的，为此公司推出“绿帽”措施。对作业点不熟悉的员工，比如12个月不在工作岗位的员工，会带上“绿帽”，以此帮助员工甄别风险，协助其改进工作。

二、壳牌

壳牌公司的安全理念经历了从技术和安全标准规范的约束，到建立完善的安全管理体系，再到企业文化的改变三个阶段。目前，公司把为员工提供安全的工作条件视为基本责任，并把安全列为各项工作之首。壳牌公司有一套完整的HSE管理体系，并要求所有公司（包括合资公司）和承包商都要依照该体系进行安全管理，要求所有合资企业均按照壳牌公司的安全政策执行。

壳牌公司建立了专业的HSE管理队伍。公司配备了可以直接向第一负责人汇报的HSE管理人员，并向他们提供管理资源，明确其管理责任。公司要求他们及时了解员工工作情况，向员工说明安全的重要性，有计划地开展专业的安全指导培训；严格审核安全程序；听取员工安全方面的建议并及时处理，营造积极的安全氛围。

壳牌公司设立了每年一次的“安全日”活动，以推动HSE管理工作和文化建设。每次活动设立一个主题，并以宣传片观看及观感分享、小品、安全知识问答、案例回顾总结等丰富的活动，将安全生产的重要性、主动干预的必要性生动形象地表现出来。除此之外，还设置了员工讨论环节，鼓励员工为安全生产和HSE管理体系建设贡献智慧和力量。经过多年沉淀，该活动已使每一名员工把安全视为最重要的价值观，并提醒员工时刻保持警惕。

三、雪佛龙

雪佛龙公司认为安全和健康永远是首位的，坚信“零事故是可以实现的”，认为安全必须靠全体员工的努力才能实现。雪佛龙公司通过运作管理体系（OEMS）对安全、健康、环境、可靠性和效率进行系统管理。OEMS 明确了领导职责，建立了管理系统，设定了优良运作预期。

雪佛龙公司通过全球员工调查分析了实际安全状况与领导表现的关系后认为，领导表现是影响安全的最大单项因素。要求各级领导做出 HSE 承诺，“亲自”参与本单位安全目标的制定，负责安全目标的实现，并保证安全在各项工作中始终处于优先地位；要经常视察作业现场，发现安全方面存在的不足；对事故调查进行全程跟踪，确保找到事故根源，审查补救与善后措施并监督实施；要动员全体员工共同参与安全文化建设，开展健康安全信息交流和健康安全培训；不断对员工进行安全绩效考核。

雪佛龙公司认为操作人员是保证生产过程安全的主要因素之一。公司建立了安全作业与维护活动的规程，通过培训操作人员，使其掌握工作必备的安全知识与技能；在分配工作前，对操作人员的安全知识技能熟练程度、有无酗酒等违章情况进行验证，并开展员工健康评估，确保操作人员处在合适的工作状态；对在危险环境工作的操作人员，提供职业医疗监护服务，确保人员健康安全。

后 记

一直在纠结要不要写这样一本书，直到在纠结中拖拖拉拉、断断续续用三年多的时间梳理完成后，还在犹豫是否要正式出版。原因很简单，这是一本可能会引起不同反响的书。

这本书主体内容大多是自己平时工作实践中的一些认识体会和理解感悟，缺少特立独行的观点，更没有形成高深的安全生产理论，但这是一本真正站在企业视角、从安全生产从业者的角度试图深入探讨当前安全生产诸多现实问题的著述。其中，交织着困惑和探索。

安全已经成为人们的第一需要，安全已经成为一种文明的标志。安全生产从来没有像今天这样，如此之高地进入国家决策层面，如此之深地进入政治经济领域，成为当前衡量人民群众幸福感的一个重要指标，而近年来全国上下持续稳定向好的整体安全生产形势就是这一衡量指标的直接体现。多年来，我们依靠不断加大监管力度让这种来自普通百姓的安全感越发强烈，但传统安全生产监管模式背后的挑战也在孕育滋长中。

特别是当前经济快速发展与安全保障能力相对滞后带来更多矛盾、以人为本的红线意识对企业安全发展提出更高要求、人民群众对安全感幸福感的美好生活有更高期待，多方矛盾互相交织、互相渗透、共同作用，使得这种挑战事实上变得更为严峻，由此需要我们在固有韧性和习惯轨迹的基础上，努力寻找与当前发展架构、经济脉络、市场环境和企业实际更佳的安全监管契合点。

特别要说明的一点，就是对于当前企业安全生产监管中的诸多矛盾和问题，书中并没有给出期待中的、特别明确的解决方案，大多是结合企业实践提供了某个探索方向或者某种原则思路。比如，强调抓安全生产的科学方法是预防为主，控制安全生产的关键环节是强化责任，实现安全生产的根本途径是系统管理，等等。完善这些原则思路，确实还需要在方法和路径上继续进行深入探讨，但所有问题的解决都始于对问题的认知。回避问题只会导致更严重的问题；选择正视问题，就意味着问题已经解决了大半。换句话说，问题本身不是问题，真正的问题是对待问题的态度。这当然需要一个不断聚焦、逐步深入的过程，但更需要的是直面问题、正视挑战的勇气。

2022 年 3 月 21 日，东航 MU5735 航空器飞行事故造成重大人员伤亡。为此，习近平总书记做出重要指示，全国安全生产大检查随即拉开序幕，再次说明当前全国范围内表面向好的安全形势并不稳固，重特大事故一时还难以杜绝，坚持多年的安全生产监管模式仍有进一步加强和改进的必要。

2019 年 4—7 月，在中央党校国务院国有资产监督管理委员会分校学习期间，开始思考本书的框架和结构。课余时间多次与来自国有企业处干二组学员进行交流沟通，铭记并感谢中国振华科技公司陈刚、中国通用技术集团许学银、中国海洋石油集团张超、中国长江三峡集团张海泉、中国东方电气集团刘洪伟、中国储备粮管理集团李莉、中钢集团杨保中、中国盐业集团周世恭、中国国际技术智力合作公司俞翔、中国煤炭地质总局夏闯、新兴际华集团有限公司张志峰、中国能源建设集团郑宏祥、国务院国有资产监督管理委员会秦海卫、中国交通建设集团陈汩梨等诸位同学，大家彼此交流、相互启发，深度沟通碰撞，产生了强大的聚合效应，对本书一些观点的形成起到重要的推动作用，谨以此书为念；同时，陈骞、杜民、宋文娟、宋昌雨等多位同事亦提供了许多帮助，此处一并致谢。

书中观点难免有偏颇，有些明显站在安全监督从业者的角度来为自身“洗脱”嫌疑，如有不当大家多包涵。

郭立杰

2022年11月